Brave, Not Perfect

Fear Less, Fail More, and Live Bolder

勇敢

而 非 完 美

[美]拉什玛・萨贾尼（Reshma Saujani）◎著

杨清波◎译

女 性 成 长 修 炼 手 册

中信出版集团 | 北京

图书在版编目（CIP）数据

勇敢而非完美 /（美）拉什玛·萨贾尼著；杨清波译. -- 北京：中信出版社，2019.7（2019.11重印）

书名原文：Brave, Not Perfect: Fear Less, Fail More, and Live Bolder

ISBN 978-7-5217-0653-6

I. ①勇… II. ①拉… ②杨… III. ①女性–成功心理–通俗读物 IV. ① B848.4-49

中国版本图书馆 CIP 数据核字（2019）第 099949 号

勇敢而非完美

著　　者：[美] 拉什玛·萨贾尼
译　　者：杨清波
出版发行：中信出版集团股份有限公司
（北京市朝阳区惠新东街甲 4 号富盛大厦 2 座　邮编　100029）
承 印 者：北京楠萍印刷有限公司

开　　本：880mm × 1230mm　1/32　　印　　张：6.75　　字　　数：120 千字
版　　次：2019 年 7 月第 1 版　　印　　次：2019 年 11月第 2 次印刷
京权图字：01–2019–2789　　广告经营许可证：京朝工商广字第 8087 号
书　　号：ISBN 978–7–5217–0653–6
定　　价：49.00 元

谨以此书献给每一位“完美的”女性：

你比自己想象的更勇敢。

目　录

冒险，害怕说出自己的想法，害怕拥有和庆祝自己的成就，害怕过上自己想要的生活，害怕失去外界的认可。换句话说，她害怕勇敢。

20 岁的萨莎喜欢在镜子前反复摆拍，以确定哪种姿势与她当天的“气色”最搭；而蕾拉经常强迫男友和她在日出时拍一张合影，以捕捉黎明时最美的自己。这些女孩把自己分身成了两个人：精心塑造的网络形象和真实的自己。她们知道这样做是不健康的，却对此感到无能为力，因为在完美女孩的世界里，她们认为关注自己和喜欢自己的人越多，她们的价值就越大。

冬妮娅是一个很有天赋的插画家，20 多年来，她被公认为业内最好的画家之一，还获得了诸多奖项。她拥有丰厚的回报，但她并不快乐，她觉得自己被“成功”的角色困住了。表面上“拥有一切”的假象会让我们更感孤立，因为我们无法与他人建立起真正的、诚实的、深刻的联结。改变会让我们心生恐惧，因为这意味着我们需要走出舒适区，一切重新开始。

第二部分
勇敢打破“完美”神话

第三部分
踏上勇敢的征途

推荐序

中国市场上又一本关注女性发展、鼓励女性勇敢向前的书籍出版了，我感到非常高兴。拉什玛·萨贾尼的《勇敢而非完美》这本书，光是书名就非常吸引人，足以引起很多人的思考。此书献给每一位“完美的”女性们——你不用很完美，但你一定比自己想象的更勇敢。

2013 年，《向前一步》(LEAN IN) 简体中文版由中信出版社出版发行，成为当年的超级畅销书。同时，受到这本书的启发，我们创立了“励媖中国”这个女性互助公益组织，鼓励女性向前一步、树立自信，鼓励她们追求自我定义的目标和理想。而每一本关于女性发展话题书籍的出现，都是对女性发展事业的一次推动。

《勇敢而非完美》这本书也是这样一部具有深刻社会意义的作品，希望这部作品能够让更多女性看到，让她们受到启发，变得更加勇敢。同时，我们也希望社会上有更多人（不管是男性还是女性）看到这本书，意识到男女不平等这个问题的存在，并做出改变。只有所有的女性、男性、学校、家庭、企业，乃至全社会一同了解并关注这个问题，才能更好地推动男女平等，才能让整个社会更加和谐良性地发展。

我们在中国做鼓励女性发展这件事情已经有 6 年的时间了。

从最初10个人的小圈子发展到今天遍及全国20多个城市及100多所高校的社区。这说明随着时代的发展，女性越来越注重自我提升并用互助的方式帮助彼此成长，从而变成更好的自己，实现理想中的人生。

我们曾在励媖的女性社区做过一次调研，我们发现，她们面临的最大的挑战是“缺乏自信”——这和本书中讨论的问题不谋而合，追求完美在某方面来说也是女性缺乏自信的表现。受传统的思想影响，社会上依旧存在一些对女性的偏见和刻板印象，比如女性在职场中的隐形性别歧视等等。因此，如何帮助女性打造勇敢的心态，如何让女性学会不取悦他人，团结更多的女性一起，共同成长、勇敢做自己，这仍是我们需要努力的方向。

可喜的是，越来越多的人开始关注并重视女性发展这个问题，从前几年开始，国内陆续出现了很多关注女性成长和发展的组织机构，出现了越来越多关于女性问题探讨的书籍，也有越来越多的大企业、大机构开始行动，纷纷举办各类论坛和活动来推动女性发展。同时，随着互联网发展和近几年新媒体的兴起，很多关注女性发展的KOL（关键意见领袖）也有了更多的发声渠道，让更多人听到了不同的声音、看到了不同的观点。这些变化，都在不同程度上鼓励了女性，让她们能够更加勇敢地选择自己真正的人生路。

同时，随着国家的繁荣昌盛，经济水平的不断进步，女性在社会中扮演的角色愈发重要。励媖中国《2018 女性、职业与幸福感报告》的数据显示，企业的性别平等程度越高，该企业的经济效益也会越高。近年来“她经济”的兴起，也让女性在市场中作为消费者、参与者、领导者的角色越来越重要，影响力也越来越大。也就是说，女性问题已经不仅仅是一个社会问题，也是一个经济社会发展问题——要抓住未来的“风口”，就要抓住女性这个群体，鼓励女性在职场上更加勇敢精进，从而促进女性的发展。

我们要重新定义勇敢，重新迭代新的路径。希望通过这本书，能够让更多女性跳出“完美”陷阱的束缚，踏上勇敢之路。

这一路，无论遇见何种挫折，我们都要以更加勇敢的心态去面对，按照自己的意愿活着，活出自己真正想要的样子，活得更加自由而丰盈。

这一路，无论经历何种挑战，我们都要以更加勇敢的姿态去面对，遵从内心的召唤，大胆追求真正理想的人生，追求快乐而精彩的人生。

亲爱的，让我们告别“完美女孩”，拥抱真实、勇敢的自己，把握机会，勇敢实践。当你更加坚强、更加快乐、更加充实、更加强大，就能更好地改变自己并影响他人。

加油吧，勇敢吧！你比你想象中的自己更强大、更优秀！

陈玉馨（Virginia Tan）①

① 陈玉馨女士是女英学院联合创始人，励媖中国（Lean In China）联合创始人兼总裁，泰迦基金创始合伙人，她爱科技联合创始人。
其中，励媖中国已经在全国25个城市和100多所高校建立了励媖社区，成员共计100 000余名，旨在鼓舞中国女性追求自我定义的目标与理想。

前　言

无惧失败，也无须完美

2010年，我做了一件不可思议的事情。33岁的我之前从未担任过任何民选职务，却在那一年竞选了美国国会议员。

尽管从13岁开始，我就一直梦想着要竞选公职、超越自我，但是在那一年之前，为求安稳，我一直躲在政治活动的幕后。白天，我在一家大名鼎鼎的投资公司上班，工作十分努力——这是一份高薪体面的工作，虽说我不怎么喜欢，但还是坚持了下来，因为我认为自己应该这样做。晚上以及周末全部的空余时间，我都用来募捐和组织各种活动。这些活动意义非凡，影响深远。但在内心深处，我一直渴望能够做些大事，发挥更大的作用。

生活如此日复一日地过去，我的工作让我感到越来越痛苦，终于有一天，我陷入了深深的绝望之中。此时，我终于意识到自己必须做出改变。就在那时，我偶然从纽约政坛听说，我那个地区的现任众议院女议员打算让出供职18年的议员一职，转而竞选参议员。我知道，自己的机会来了。于是，我拜访了几位重量级人物，征求他们的意见。所有人都热情地鼓励我，告诉我一定要努力争取。我熟谙募捐之道，对政策有着成熟的想法，并且个人履历近乎完美。尽管我个人没有竞选经验，但是其他方面的条件俱佳。在我的记忆中，这是我第一次感到急不可耐、跃跃欲试，因为我终于朝着自己一直梦想的方向开始前进，准备开启为公众服务的全新生活了。没有什么能阻挡我前进的脚步。

但不久却发生了意外——那位众议院女议员突然改变主意，决定不离职了。这意味着如果我还坚持参选的话，就必须同她竞选。突然之间，所有曾经支持我、告诉我要努力争取的那些人全都改变了口风。他们对我说："不行，绝对不行……你竞选不过她的。"她是一位受人尊敬的圈内人士，其影响力不容小觑，因此他们认为我根本没有任何胜出的机会。不但如此，我还失去了党内中坚女党员的积极支持——她们直言不讳地告诉我这次轮不到我上位，要求我放弃竞选。

但当时我太过投入，无法放弃。那是我一直以来的梦想，近在咫尺就可实现！我太想把握住这个机会了——这其中承载着我太多理想，根本无法抽身放弃。实话实说，当时我多次对自己说："我肯定是疯了！"但我还是义无反顾地参选了，因为我知道这是一次难得的尝试机会。如果不参选，我会抱憾终生。

让我惊讶的是——许多其他人也为此而惊讶——我的竞选吸引了众多积极的关注。我，一个来自南亚的年轻的无名小辈，从未担任过任何公职，却有人愿意倾听，竞选捐款也源源不断。并且，我甚至得到了《纽约观察家》和《每日新闻》两家报纸的支持。这两家全国[①]性的报纸在头版头条刊登了对我的专访，美国全国广播公司财经频道（CNBC）也为我摇旗呐喊，把我说成是全美最炙手可热的竞选者。自此以后，我由原来的希望渺茫变得信心爆棚，认为自己一定会获胜。

然而到了最后关头，事实证明选民更在乎的是我“缺乏经验”这一点，这超出了所有人的预料。我不但败选，而且败得一塌糊涂，只获得了 19% 的选票，而对手则赢得了 81% 的选票。

这件事的特别之处不是我参加了国会议员竞选，不是我最终的惨败，也不是在这样一场公开的羞辱性失败后我是如何振作起来的。之所以有必要讲述这件事，是因为“在 33 岁竞选公职”这件事是我成年后做的第一件真正勇敢的事情。

倘若你看一下当时我的个人履历——耶鲁法学院毕业，之后供职于一连串的知名企业，那么你可能会认为我是个勇敢而富有进取精神的人。但是，积极进取和勇敢并不一定是一致的——在被耶鲁法学院连拒 3 次之后还能驱使我考上这所名校的不是勇敢，而是一心想要打造完美个人履历的动力。驱使我在全美排名前五的律师事务所和一流的金融资产管理公司工作的不是我对法律或大财团真心的喜欢，而是我一心想要讨好我那位移民美国的老爹，不想辜负他对我的期望。当我还是个小女孩的时候，我就开

① 指美国。后文同。——编者注

始着眼于成为最优秀的人，我所做的每一步都是为了让自己看起来聪明能干，同时这也打开了通往其他方向的大门——让我看起来确实优秀不凡。我做的所有这些选择都是为了塑造一个“完美的我”，因为我相信这能带来完美的人生。

不管外人怎么看，在2010年之前，我所做的选择中没有一个算是真正勇敢的选择——原因只有一个，并且非常简单：这些选择根本不存在任何危险。参加选举是我第一次脱离生活剧本，以一种非常个人化的方式去做我自己真正在乎的事情。这是我第一次主动出击，即使我没有百分之百必胜的信心，而且如果我失败了，那失去的不仅仅是选举，我还有可能失去尊严、名誉和自信。如果这样，我会很痛苦，非常痛苦。我能从中恢复过来吗？

我并不是唯一 一个成年后只从事自己擅长的职业或事业的人。很多女性坚持只做自己擅长的事情，很少做让她们感到不自信或在舒适区以外的事情。我从我在全美各地遇到的成千上万名女性那里反复听到这种说法，不管她们的种族、年龄或经济状况如何。我在星巴克同24岁的遛狗女孩聊天时听到过这种说法——她有个很好的主意，想改良自己的服务，但又坦言自己永远不会实际去做，原因是她“不擅长做生意”。我从58岁的杂志女编辑那里听到过这种说法——在一次政治募捐活动中我坐在她旁边，她说自己对工作没有丝毫热情，一点儿也不开心，但她不会辞掉这份工作，尽管她在经济上负担得起。为什么？她耸了耸肩说道："因为这是我擅长的工作。"作为非营利组织"编程女孩"的首席执行官，我在年轻女员工身上也看到了这种现象。她们不会志愿去做自己之前没有相关工作经验的工作，但男性员工却会义无反顾地一头扎进陌生领域，丝毫也不担心失败或出丑。

我们女性有这种感觉和行为是有原因的，但这与生物学无关，而是与我们接受的培养方式有关。作为女孩，我们从小就被教导要小心翼翼谨慎行事——要努力获得所有的"A"来取悦我们的父母和老师；父母教育我们在攀爬架上要小心，不要爬得太高，这样才不会摔下来受伤；此外，我们坐时要静若处子、乖巧听话，看上去要漂亮、随和，这样才会讨人喜欢。善意的父母和老师引导我们去做我们擅长的事情，这样我们才能出类拔萃。他们引导我们远离那些我们天生不擅长的事情，以免伤害我们的情绪，拉低我们的平均分。当然，这些想法是善意的，因为没有哪个父母想看到自己的女儿受伤、失望或气馁。结果，我们被严严实实地包裹在了充满爱和关怀的气泡包装中，没有人意识到它在多大程度上阻断了我们在未来生活中冒险和追求梦想的能力。

相反，男孩接受的教育完全不同。他们被教导要去冒险，去疯玩，去荡高，去爬高——跌倒了再爬起来。人们鼓励他们尝试新事物，摆弄小玩意，鼓捣各种工具。如果失败了，还可以马上从头再来。男孩从小就被培养成爱冒险的人。研究证明，他们得到了更大的自由，可以自己玩耍，并且得到鼓励去尝试更大胆的体育活动，几乎不需要父母的指导和帮助。等男孩们到了十七八岁可以约会的年龄，或者等他们刚刚成年可以为第一次加薪与人讨价还价的时候，他们已经习惯了一次又一次的冒险，而且在很大程度上，他们对失败并不感到害怕。与女孩不同的是，即使事情没有成功，男孩也会因为冒险而得到肯定和赞扬。

换句话说，男孩被教导要勇敢，而女孩被教导要完美。

从很小的时候起，我们就因为表现完美而受到奖励，结果长大后，我们就成了害怕失败的女人。在个人生活和职业生活中，我们不会冒险，因为我们担心如果做错了就会遭人说三道四，就会感到尴尬，遭到怀疑、排斥或解雇。为了避免可能出现的痛苦和羞辱，我们有意或无意地克制自己，不去尝试任何我们不确定能成功的事情。除非我们确信自己能达到或超过预期，否则我们不会主动担纲或进行尝试。

相反，男人会毫不犹豫地跳进未知水域，他们根本不去想万一失败了结果会怎样。这里有一个比较恰当的例子：一份现在十分出名的企业报告发现，在求职时，男性哪怕认为自己只满足60% 的条件就会提出申请，而女性只有在认为自己满足 100% 的条件时才会提出申请。

我们女性甚至想在尝试之前就十全十美。

对完美的要求在很多方面阻碍了我们。我们不会直言不讳地表达自己的观点，尽管我们深知自己应当如此，因为我们不想被看成是一个好出风头的人，不想被看作是个泼妇，或者被看作是个不讨人喜欢的人。即便偶尔想要毫无保留地表达自己的观点，我们也会苦苦思考如何表述，并且尽量在表达清楚的情况下不显得过于专横或咄咄逼人。在做决定之前，我们会反复分析、斟酌、讨论和权衡每一个角度，不管这个决定多么不重要。如果万一犯了错误——但愿不会如此——我们就会感觉天塌地陷一般。

然而，当我们因为害怕自己不够完美或害怕遭到拒绝而缩手缩脚时，我们就会压制自己的梦想，缩小自己的世界，同时也减少了我们获得幸福的机会。我们有多少次因为害怕而错过了机会或阅历？我们放弃了多少伟大的想法、放弃了多少个人目标，仅仅因为我们害怕自己犯错？有多少次我们推辞掉了公司的领导职位，理由仅仅是“我不太擅长这个”？我认为，这种“要么追求完美，要么彻底放弃”的心态是女性在高管层、董事会、国会以及几乎所有你能看到的领域中比例较低的一个重要原因。

这种追求完美的心理也会严重损害我们的健康，因为我们会因为一点儿小错儿而辗转难眠，或者担心我们的言行会冒犯到别人。我们接受的教育是要乐于助人，愿意付出一切代价帮助他人，因此我们会竭尽全力地去做，最后累得精疲力竭，甚至会大病一场，因为我们把太多的精力和时间都给了别人。

当我们在知道应该大声说出自己观点的时候却保持沉默，或者当我们因为害怕别人不喜欢自己而在想说“不”的时候却说了“是”，我们的自尊就会受到打击。当我们为完美披上光鲜的外衣时，我们的人际关系和内心都会受到伤害。外表的保护层可能会让别人看不到我们的缺点和弱点，但它也会疏远我们与自己所爱的人的关系，让我们无法建立起真正有意义的可靠的联系。

想象一下，如果你生活中没有对失败的恐惧，没有对不符合标准的恐惧，那情况会怎么样？如果你不再认为有必要压抑自己的想法，不再为了取悦和安抚他人而咽回自己真正想说的话，那情况会怎么样？如果你能不再为别人的错误而毫不留情地责备自己，不再为追求完美而感到内疚和压抑，一切顺其自然，那情况会怎么样？如果在你面临的每一个决定中，你都做出了勇敢的选择，或者选择了更大胆的道路，那情况会怎么样？你会更快乐吗？你会以你梦想的方式影响世界吗？我相信两者的答案都是肯定的。

之所以写这本书，是因为追求完美让我多年来都停滞不前。33 岁时，我终于学会了如何在我的职业生涯中勇敢起来，这也教会了我如何在我的个人生活中勇敢起来。从那以后，我每天都锻炼自己，让自己变得更加勇敢。在经历了三次毁灭性的流产后，进行人工受精并非易事；在对编程（或者创业）一无所知的情况下，创办科技初创企业也不容易。但因为我勇敢地做了这些事情，现在我有了一个可爱的儿子，成了一个十分幸福的妈妈。我正在用内心深处一直知道“自己能行”的方式改变着这个世界。

当我们摒弃了对完美的苛求——或者更确切地说，当我们摆脱了对不完美的恐惧——我们就会发现自由、快乐，以及生活中我们想要的所有美好的事物。是时候停止尚未尝试就主动放弃的做法了，当我们真的放弃所有具有挑战性的事情，或者真的放弃那些我们天生不擅长的事情时，我们就会陷入一种不满的状态，一种惰性的状态，这是非常折磨人的。我们所处的人际关系会让我们难受，我们所处的社交圈会让我们沮丧，我们所从事的事业会让我们痛苦。我们会让自己的好主意枯死藤上、胎死腹中；或者，更糟的是，我们会痛苦地看着别人在我们知道自己应该追求的事情上取得成功。我们害怕尝试新事物，不敢大胆追求自己想要的东西，我们害怕犯错误，甚至害怕出丑，而这一切都会导致才华浪费、暴殄天物、空留遗憾。

如果我们一味地坚持不可能达到的完美标准，那就没有所谓的“成功”，因为没有什么事物堪称完美。

如果我们干脆直言不讳地说：“不管了，即使他们不喜欢我的想法，我也要说出来……或者自愿去做那些看起来十分艰巨的工作……或者不计后果，依照自己梦想的方式生活，那会怎么样呢？”如果我们这样做了，我们的生活又会是什么样呢？

克服对不完美的恐惧比你想象的要容易，你只需坚持锻炼你的“勇敢肌肉”就可以了，每次锻炼一点点。这就是本书的内容。本书回顾了我们从小是如何被培养得追求完美并不惜一切代价避免失败的，探讨了那种少女时代的思维方式对我们成年后生活的影响。最重要的是，本书阐述了应当如何重新设定我们的思维方式。这一切永远不会太迟，如果我们能够摒弃对完美的追求，重新把自己训练得更加勇敢，那每位女性都可以无惧失败，向前一步，实现自己的价值。

为什么要写我自己的经历？

我是如何从一个失败的国会议员候选人变成了一个倡导女性向前一步的人的呢？这个问题问得很好。

在惨败后的几个星期里，我从地板上站了起来——并非夸张——环顾四周，心里想着："我下一步该做什么？"在扪心自问、寻找答案的时候，我想起了自己在竞选期间穿梭于城市大街小巷之时，参观了很多学校，看到学校中的编程课堂和机器人课堂上全是男孩。当时我情不自禁地想到了那些我没有看见的面孔：女孩们去哪儿了？我开始清楚地意识到，需要有人行动起来，从女孩很小的时候就开始教育她们，以此缩小科技领域中的性别差距。很快我就明白了这将是我的下一个使命，我非常清楚自己将如何以我梦想的方式来为女孩服务。2012 年，我创立了非营利组织"编程女孩"（Girls Who Code，GWC），目前它已经发展成为一个全国性的运动，有 50 个州的 9 万多名女生参与其中。

"编程女孩"的最初使命是扭转年龄在 13~17 岁之间的女孩

对于科学、技术、工程和数学（STEM）兴趣下降的趋势，这样等到了2020年，从事科技工作的女性数量就可以走上正轨，在计算机领域提供的140万个工作岗位中，女性占比将远远超过目前的3%。但当编程女孩项目开始运作之后，我很快意识到，我们所做的远不止是为这些女孩将来的事业成功做准备——通过教会她们编程，我们也教会了她们勇敢。

大家都知道，编程是一个不断尝试和犯错的过程，有时一个小分号就能决定成败。稍不留意，代码就会崩溃坍塌。在体验到你想要创造的东西变成现实的那个神奇时刻之前，你经常需要经历无数次失败。要做到这一点，你需要毅力，也需要接受不完美的现实。

2016年2月，我做了一次TED（科技、娱乐、设计）演讲，演讲的内容是基于我对女孩、完美和勇敢的观察得来的第一手资料。结果，这次演讲成了一篇战斗檄文，呼吁我们改变培养女孩的方式——鼓励女性放弃取悦他人、追求完美的本能，鼓励找回女性自己的声音、勇气和力量。

那次演讲影响之深远使我大吃一惊。我知道这个话题对我来说意义重大，但事实证明，它也引起了全美成千上万女性的共鸣。短短几天时间里，电子邮件雪片般袭来。一些女性在来信中分享了她们对自己的认识。其中一位女性写道："自从听到你的演讲之后，我一直在哭。"另一个说道："我意识到了我对自己做了多少这种事。”无数女性来信分享了她们的故事，告诉我她们是如何因为害怕出丑、害怕失败、害怕达不到自己设定的不可能达到的标准而错失良机的。

当我读到这些女性所遭受到的完美主义的欺凌时，不禁潸然泪下。一位女士说道：“每当我犯错或让别人失望时，我都会痛斥自己好几天。”另一位女士写道：“这是我唯一能想到的——所有人都认为我是那种能掌控一切的人……但是，如果他们知道我是多么努力地让自己看起来这么强大，以及我是多么担心别人会看到我真实的样子，那就好了。”

也有一些女性让我无比自豪。一名大学二年级的女生在信中写道，多年来她一直因家庭作业而沮丧哭泣，她不敢寻求帮助，因为担心被别人看成笨蛋，她还在学校里因为自己对完美的执着而被同学们疏远。在听了我的演讲之后，她最终放弃了对完美的追求。她这样写道：“您的演讲给了我巨大的力量，让我可以提各种问题。如果哪个无知的家伙因为我需要弄清楚一些问题就认为我很愚蠢，那又怎么样呢？我才不会理会这些呢！我来这里上大学是为了我自己，是为了我自己的教育！”

我还收到过一些幼儿园小朋友家长的来信，他们忧心忡忡，因为他们的女儿对自己非常苛刻，力求把每件事都做到“完美无缺”；我也收到过一些教育家的来信，他们希望我知道，他们已经给孩子家长发去了大量电子邮件或教育简讯，敦促他们与家人一起观看我的演讲。

“要勇敢，而非完美”这一信息继续通过博客、社交媒体和主流新闻媒体的采访广泛传播。在写这本书的时候，我的那次TED演讲已经被浏览了近400万次。我有幸在《财富》杂志最具影响力女性峰会上发表演讲，并与美国前第一夫人米歇尔·奥巴马在华盛顿举行的美国女性峰会上一起发表演讲。

这一切都令人兴奋，但对我来说，最快乐的则是亲眼看到“要勇敢，而非完美”的信息是如何激励人们做出有意义的改变的。每周我至少要去一两个城市，在会议上、学校里和公司中发表演讲。无论走到哪里，每当我得知自己的演讲激励了一些女性去尝试令人生畏的新事物时（即使有些事物能把她们吓得魂不附体），我都深受感动。她们敢于提问，敢于给出答案，即使她们担心这样做会显得很愚蠢或不够得体；她们敢于离开“安全的”职业道路，去做自己一直梦想的事情，即使很多人告诉她们这样做不理智；她们敢于进入未知领域，即使她们知道自己可能会跌倒——她们相信，即使自己跌倒了，也不会是世界末日。

之所以写这本书，是因为我相信我们每一个人都可以学会勇敢地去实现我们最伟大的梦想，无论这个梦想是成为一个千万富翁，是攀登珠穆朗玛峰，还是仅仅要求在生活中不被流言蜚语带来的恐惧所笼罩。只要我们推翻之前完美女孩的培养方式，转而让自己更加勇敢，那么这一切都有可能实现。

不要再沉默下去，不要再压抑自己，也不要再教育我们的女儿重蹈覆辙。是时候停止这种培养模式了。如果你认为勇敢是属于 1% 的人的奢侈品，那么我向你保证：我曾经和来自不同背景、不同经济环境中的女性交流过，关于勇敢的问题是一个影响我们所有人的问题。我的目标是发起一场影响深远的女性运动，鼓励所有的女性接受不完美，这样她们就能拥有更加美好的生活，并建设一个更加美好的世界。不要再让机会溜走，不要再让我们的才华黯淡，不要再让我们的梦想无法实现。是时候停止追求完美，大胆追求勇敢了。

阿奈·尼恩曾经这样写道："生活的变化发展取决于一个人的勇气。"如果此言非虚（反正我相信这句话是正确的），那么勇气就是我们为自己创造理想生活的关键。我之所以写这本书，是因为我相信每位女性都有机会冲破"要么追求完美，要么彻底放弃"的藩篱，拥有梦想中快乐、勇敢的生活。

第一部分

“完美女孩”是怎样炼成的

第 1 章

完美陷阱 1：我必须让所有人都满意

16 岁的艾丽卡是个耀眼的明星。她是两位知名教授的女儿，在班上担任副班长，学习成绩无可挑剔。她的成绩单上全是老师对她勤奋学习的赞扬，可以看出，她在课堂上十分快乐。艾丽卡每个月在当地一家医院做两次志愿者。高二快结束的时候，她被同学们评为“最美笑容”，她的朋友会告诉你，艾丽卡是她们所认识的人中最可爱的一个。

然而，在灿烂的笑容背后，事情并没有那么阳光明媚。如果你打开艾丽卡的日记，就会明白她的感受：她认为自己所做的一切都是在力求完美，目的是让周围的所有人都开心。你会发现，她每天晚上和整个周末都在努力学习，一直学到精疲力竭，只为了得到所有的 A，以取悦她的父母和老师——让他们失望是艾丽卡能想到的最糟糕的事情。有一次，由于日程安排出现意外，艾丽卡不得不退出学校的一场辩论赛，因为这与她本打算参加的一次教堂志愿者之旅相冲突。她当时差点儿崩溃，因为她认为老师会“恨她的”——事实上，她还为此大病一场。

艾丽卡讨厌在医院做义工（更别说要让她给病人倒便盆了……），但她还是坚持了下来，因为她的指导顾问说，做义工的经历会让她的大学申请书看起来比较有料。尽管她非常想参加啦啦队，因为她觉得很有趣，但她没有，因为朋友告诉她啦啦队的舞蹈十分难学，而她最不愿意做的事情就是让自己表现得像个傻瓜。说实话，艾丽卡甚至不喜欢自己的大多数朋友，因为她们有的很刻薄，有的很不真诚，但她还是平静地接受她们的言行，因为如果不这样做，那后果就“太可怕了”。

像很多女孩一样，艾丽卡从小就喜欢取悦所有人，喜欢谨慎行事，并且不惜一切代价避免任何失败。

我之所以知道这个故事，是因为现在艾丽卡已经 42 岁了，她是我的一个好朋友——今天，她仍然面带迷人的微笑，仍然是一个完美主义的囚徒。她是一名成功的政治顾问，没有孩子。为了给同事和客户留下好印象，她常常工作到深夜。每次我见到她，她都显得那么神采奕奕。艾丽卡是那种说话总是得体、送礼总是得体、留言总是得体、约会总是准时的朋友。但她仍像 16 岁时一样，只会在私下里表示自己感到窒息，因为她需要不断取悦所有人。最近我问她，如果她不在乎别人怎么想，她会做些什么。艾丽卡立刻列出了一长串的目标和梦想，其中包括告诉自己最大的客户她不同意他搬到城外的策略，以及她想要生个孩子。她希望自己有勇气去实现这些梦想和目标，但又不敢去做。

我们的文化造就了一代又一代像艾丽卡这样的“完美女孩”——她们长大后害怕冒险，害怕说出自己的想法，害怕做出大胆的选择，害怕拥有和庆祝自己的成就，害怕过自己想要的生活，害怕失去外界的认可。换句话说，她们害怕勇敢。

从婴儿时期起，女孩们每天都会收到数百条各种提示信息，告诉她们应该乖巧、礼貌、优雅。关爱她们的父母和照顾她们的人会把女孩们打扮得甜美可人（并配上相称的蝴蝶结），告诉她们看起来有多漂亮。人们会不吝溢美之词，大力表扬那些成绩优异、手脚勤快、彬彬有礼、乐于助人的女孩，同时也会责备（无论语气多么温和）那些邋里邋遢、自以为是或调皮捣蛋的女孩。

善意的父母和教育工作者引导女孩们参加她们擅长的活动，认为这样她们才能脱颖而出，并引导她们远离那些可能会让她们感到沮丧的活动——甚至更糟糕，让她们远离认为自己有可能失败的活动。这是可以理解的，因为我们普遍认为女孩比较脆弱，因而本能地想保护她们免受伤害和批评。

相反，男孩们却可以自由地玩耍、探险，可以随便弄脏自己，可以跌倒，当然，他们也可以失败——所有这一切都美其名曰要教男孩子们尽早“长成男子汉”。即使是现在，虽然社会发展到了今天，如果哪个男孩过于犹豫、谨慎或脆弱（更不用说流泪了），人们还是会感到有些不能接受。我甚至在自己那位“倡导21世纪女权主义”的丈夫身上也发现了这个特点。他经常粗暴地对待儿子沙恩，为的是“让他坚强起来”。我丈夫对我说，当沙恩晚上无理取闹时，就随他大喊大叫好了。有一次我问他，如果沙恩是个女孩，他是否也会这么做。他不假思索地回答道："当然不会。"

当然，这些观念不会因为我们长大就消失得无影无踪。如果说有什么改变的话，那就是随着生活变得越来越复杂，要求女性变得完美的压力也越来越大。我们从"努力成为完美的学生和女儿"，变成了"努力成为完美的专业人士、完美的女友、完美的妻子和完美的妈妈"。只有这样才能达到我们被希望达到的目标，但我们却一直不明白为什么我们还会感到如此疲惫、沮丧和不快乐。这其中肯定缺失了什么。我们所做的每件事都很完美，所以究竟是哪里出了问题呢？

如果你在撰写一本关于女性和完美主义的书，你就会发现问题无处不在。在机场、咖啡馆、会议室、美容沙龙……无论走到哪里，我都会就这个话题展开对话，而与我聊天的女性则无一例外地都会明显地叹息或眨眼睛（不让眼泪流下来），会心地点头或大笑，或是在讲述自己的故事时面露悲伤之色。她们认为自己的日常生活受到一股无情力量的控制，不得不追求完美：她们需要精心经营社交网站；需要取悦自己的伴侣（或者努力找到"完美的"伴侣）；需要培养明星般的子女，让孩子们都具有很强的适应能力（喝母乳一年之后就能够自己吃有机餐）；她们需要保持身材、保持"与年龄相称的"良好状态，需要在办公室、教会、志愿者团体或社区、健身俱乐部或健身班以及其他任何地方都成为最优秀的那一个。

很多不同年龄的女性都向我敞开心扉，告诉我她们并没有实现自己的人生梦想或抱负，因为她们十分恐惧，不敢付诸行动。让我震惊的是，无论她们的种族、职业和经济状况如何，无论她们所谓的家乡是哪里，她们许多人的经历大都完全相同。在本书中，你会听到她们中许多人的故事。

但首先，我想告诉大家，追求完美的欲望在我们内心根深蒂固。本章接下来的内容将简要介绍一下我们所追求的完美主义是如何在少女时代生根发芽的，看看它是如何塑造我们作为女性的形象，以及它是如何影响我们一路走来所做的每一个选择的。我们需要了解我们是如何走到今天这一步的，这样我们才能仔细反省，找到出路。这是这份路线图的开始部分，它将引导我们摆脱遗憾，踏上一条全新的道路，从而能够充分表达我们的梦想。

完美主义的起源

在这个过程中，我们是如何出卖我们的信心和勇气，换取别人的赞许和认可的呢？我们为什么要这样做呢？

几乎从女孩一出生开始，人们就把她们划归为讨人喜欢的乖乖女之列。不管我们是否意识到这一点，我们都会本能地把婴儿视作粉色婴儿或蓝色婴儿：粉色婴儿是由糖果、香料和其他一切美好的事物所组成的女孩，蓝色婴儿则是强壮的小男人。但事实证明，甚至在没有其他性别特征时，我们也会做出如此假设。一项研究表明，当婴儿身穿中性颜色的衣服时，大人们常常会把那些看起来焦躁不安的小家伙当成男孩，会把那些他们认为看起来乖巧开心的小家伙当成女孩。由此可见，在我们还没有脱掉婴儿连体衣之前，对女孩的培养就已经开始了。

女孩产生追求完美的欲望、封闭内心勇气的时间大约会在 8 岁左右出现——也就是在我们开始出现自我评判意识的时候。你知道我说的是什么意思，就是你脑袋里那个挑剔的声音告诉你你有哪些方面不如别人："你搞砸了……你应该感到内疚或羞耻……你真烂！"（我不知道大家的自我评判意识如何，反正我的可能有点儿苛刻）

凯瑟琳·施泰纳·阿达伊尔是哈佛医学院著名的临床心理学家、大学顾问和研究助理。她调查过全美数百名女孩和年轻女性的情况，也亲眼看见了完美主义所造成的巨大危害。

她说，儿童在 8 岁左右开始意识到能力和灵活性的重要性："这个年龄的女孩开始产生不同的兴趣，她们想和那些做她们喜欢做的事情的人建立联系。在意识到差异的同时，她们内心也开始明白哪些人更好、哪些事情更好。"

阿达伊尔解释说，这也是人们开始给儿童分级、排名和评分的年龄——无论是在足球、数学还是音乐方面都是如此。她说：

“如果你被告知自己在哪个方面不如别人，你还需要很大的勇气和自信去尝试它，这就为得C做好了准备，而得C意味着你并不擅长这一方面，也不喜欢它。这会让你更加缺乏勇气。”

随着女孩年龄的增长，她们会变得日益敏感。当这个年龄段的女孩的妈妈将自己和其他女性进行比较的时候（“我希望自己穿牛仔裤的时候也这么漂亮！”），或者批评其他女性的时候（“她真不应该穿那种衣服！”），女孩们就会开始接受这些信息。突然之间，她们会对这种比较产生浓厚的兴趣，也自然而然地会调整她们关注的重点，并且会判断自己属于哪个类型：漂亮还是不漂亮，聪明还是平庸，不受欢迎还是讨人喜欢。

作为成年人和父母，这种与他人比较的冲动在我们身上根深蒂固，以至于我们都没有意识到自己在不经意间为我们的女儿树立了榜样。阿达伊尔分享了她生活中的一个故事，很恰当地说明了这一点。她女儿上三年级的时候，和几个女同学无意中听到一位妈妈对一个女孩说：“你的头发真漂亮。”其中几个女孩突然停下脚步，皱起眉头，心里好像在想：“我的头发是漂亮还是难看呢？”女孩们对完美的追求就这样开始了。

取悦他人的强烈需求

和大多数女性一样，我从小就被教导要乐于助人，要听话，要考虑别人的需要，甚至要把别人的需要看得比自己的还重要。父母告诉我16岁之前不要约会，我照做了；他们告诉我不要化妆，穿衣不要露出乳沟，晚上外出必须在10点前回家，我照做了。我始终遵守家人对我的要求。在我们印度人的传统里，与长辈打招呼时触摸对方的双脚是在表示尊敬。如果我和一个朋友放学回家，发现一个年长的阿姨在家里喝茶，我从未想过要不去触摸她的双脚而让父母蒙羞，尽管我在朋友面前这样做会感到不好意思。家人一起吃饭时，通常都是我和姐姐负责摆放餐具、收拾餐桌，我们从没问过为什么家里的男孩子们不轮流帮忙。虽然我更愿意和小伙伴们一起在外面玩耍，但我总是答应帮助照看邻居家的小孩——这正是我这个年纪的乐于助人的女孩子应该做的事。

就这样，我开始了一生的使命：做一个完美的女儿，完美的女朋友，完美的员工，完美的妈妈。我知道并非只有我自己是这样做的。我们从唯唯诺诺的女孩变成了唯唯诺诺的女人，并且陷入了永无止境的循环，不断地向他人和自己证明我们的价值，还要表现得无私、殷勤和随和。

一个关于柠檬水的实验很好地说明了取悦他人的冲动到底有多么强烈。是的，就是关于柠檬水的实验。美国广播公司新闻网在加利福尼亚大学心理学家坎贝尔·利珀的帮助下，给一群男孩和女孩每人一杯柠檬水，问他们是否喜欢。事实上这杯柠檬水味道很糟（里面加的是盐而不是糖）。男孩们立刻说："咦……这味道真恶心！"然而，所有的女孩都乖乖地喝了一口，甚至咽了下去。只有当研究人员追问女孩们为什么不坦白地告诉他们柠檬水味道很糟糕时，女孩们才承认是因为她们不想让研究人员感到难堪。

取悦他人的需要常常表现在女孩急于给出"正确"答案的过程中。如果我们问一个女孩对某个话题的看法，她会在心里快速盘算一番——是应该说出老师、父母、朋友或男孩想让她说的话呢，还是应该直言不讳地说出自己真实的想法呢？女孩最终给出的答案通常都是她认为更有可能得到众人赞许和认可的答案。

女孩也比男孩更有可能同意别人的请求，即使她们真正想说的（甚至需要说的）是"不"。记住，乐于助人的特点已经融入了女孩们的情感基因之中。我曾经问过很多女孩：如果朋友让她们帮一个忙，但她们真的不想帮忙或没有时间帮忙的话，她们会怎么做？几乎所有人都说，无论如何她们都会帮忙。为什么？一脸雀斑的14岁女孩哈莉总结得非常准确，她说："这还用说！没人想让她的朋友认为自己是个不讨人喜欢的坏女孩。我的意思是，所有女孩都不希望这样。"

随着年龄的增长，迫使我们内心说"是"的压力只会越来越强烈。比如迪娜，她长期以来一直从事律师工作，不知为何，她因未同意担任儿子的班级家长而感到内疚。我们中的很多人把时间、精力甚至金钱都花在了不重要的人或事上，因为我们不想伤害任何人的感情（其实主要是因为我们不想让其他人对我们产生不好的印象）。

男性却很少有这种感觉。珍妮特今年44岁，是一家服装店的经理。每当看到身为建筑总承包商的丈夫发送的工作邮件，她都会感到不安，因为她觉得他直率的表达听起来很刺耳。他总是直截了当地表达自己的需求，或陈述自己的观点，从不委婉地表达自己的不满，电子邮件中没有任何寒暄之词，落款时也没有祝愿或感谢。有一次，她建议他给一位供应商发电子邮件时语气委婉一些，以免惹对方不快。他说："我的工作不是让别人喜欢我，只要表达清楚意思就可以了。"

相反，珍妮特会在给老板和同事的电子邮件中加入友好的开场白和恭维之词，偶尔还会加上一个笑脸表情符号。每次点击发送之前，她会把每封邮件至少看三遍，反复修改。珍妮特告诉我说："我丈夫认为我这样做纯属神经质，但我这样做是为了照顾到方方面面。可是说句实在话，我之所以这样谨慎，就是不想惹恼或冒犯任何人。"

一位女性高管培训师一直对我讲，人们高估了讨好他人的作用。这位培训师从没有对她指导过的那些超级成功的男性首席执行官们说过这番话，因为没有必要说这些。要知道，男性高管的榜样是史蒂夫·乔布斯和杰夫·贝佐斯这样的人，这些男性精英当然不会刻意讨好别人，男性高管们根本不在乎别人是否喜欢他们。

尽管这位培训师极力主张这个观点，但我还是担心别人不喜欢我。在竞选公职时，尤其是在纽约市，面对公众的批评，我练就了一副厚脸皮。但在日常生活中，我却很在乎我的团队成员是否喜欢我。我十分在乎他们，我想让他们觉得我是他们遇到过的最棒的老板——这使得我很难拉下脸来批评他们。之所以这么做，是因为我知道我不得不担任这个首席执行官，但是……在我的个人生活中，如果我和朋友有分歧，或者感觉到父母或丈夫对我有所不满，那么我的内心就会十分纠结。我曾有过这种经历：连续几个晚上担心某个同事、熟人（甚至某个完全陌生的人）可能会误解我说过的某句话；我也曾无数次在应该痛骂对方的时候却大事化小，小事化无。

就在昨天，我在排队买三明治的时候，一个家伙插队到我前面。虽然当时我很生气，却什么也没有说，因为我并不想表现得很粗鲁——关键是这个人我根本不认识，而且以后可能再也不会遇见他。我也有过由“只说好话”带来的罪恶感——我只是不想冒犯别人，可我心里想的却恰恰相反（就像咸柠檬水那个例子一样）。我们不都是这样吗？

这种一味取悦别人的做法会产生一些不良后果：你的整个人生很快就会变成被别人的想法所主导的，与你真正的愿望、需要和想法几乎无关的人生——更不用说过上你应得的生活了。为了讨好他人，我们已经习惯于妥协和退缩。可问题是，当你为了让每个人都喜欢你而努力工作时，你往往会变得不那么喜欢自己。但一旦你变得勇敢起来，不再一味取悦他人，而把自己放在首位（你能够做到的！），那么此时你就能够真正主宰自己的生活。

女孩“应该”是“软弱的”

五月，一个阳光明媚的周六早晨，我坐在曼哈顿闹市区一个操场的长椅上，看着我的丈夫尼哈尔和当时 16 个月大的儿子沙恩一起玩耍。或者，更确切地说，我是在看着儿子在儿童攀爬用的猴杆和攀爬架之间来回攀爬，而尼哈尔则站在相当远的地方看着。沙恩的衬衫上沾满了草莓冰激凌，鼻子里塞满了鼻屎，但尼哈尔不在乎，我也不在乎。沙恩的垂直协调性尚未发育完全，他摇摇摆摆地从操场的一头走到另一头，期间摔倒了好几次。每次沙恩摔倒，尼哈尔都没有跑去帮他，而是平静地等着他爬起来继续前进。有一次，我看到尼哈尔在哄诱沙恩，因为沙恩有点儿害怕，不敢从很陡的滑梯上下来。尼哈尔对他喊道：“你能做到……你是个男子汉……你不害怕！”

附近，几个大一点儿的男孩正在舞枪弄棒地玩耍，互相追逐。到处都是快乐的尖叫声，到处都是脏兮兮的、青一块紫一块的膝盖和胳膊肘，一派典型的小学生玩耍的场景。

与此同时，在沙箱那边，有 5 个看起来 3 岁左右的小女孩正在安静地玩耍。她们身上的衣服没有抹着奶油，鼻子里也没有鼻屎。她们穿得整洁得体，正在轮流铲沙，做一个假蛋糕。而她们的妈妈则在几米以外专心地看着她们。在十分钟的时间里，5 位妈妈中的 3 位从座位上跳了起来，爬进沙箱——其中一位妈妈把女儿的发带拉直；另一位妈妈则过去斥责女儿，因为她女儿从另一个女孩手中接过铲子的动作有些“粗鲁”；第三位妈妈在女儿的沙子蛋糕倒塌后，赶紧跑过去帮助她重新做好，同时，她还不停地安慰女儿，帮她擦去脸上的泪水。“蛋糕”做好后，小女孩笑了，她的妈妈也骄傲地笑了，她心里一定在想：“我女儿多开心啊！”

这些场景可不是我凭空捏造出来的。

在过去的一年里，我读到的、研究过的、亲眼看见的、从专家那里采访到的所有内容，几乎都呈现在我眼前。大家想想看吧：这是一个经典的例子，生动地展示了男孩是如何被社会塑造成勇敢的人，而女孩是如何被塑造成完美的人的——而且，事发地就在离我家不足 10 分钟脚程的一个小型沥青操场上。

与此同时，我们会为女儿们的善良、彬彬有礼和完美鼓掌喝彩，也会近乎明确地告诉她们：勇敢是男孩的天性。那天在操场上看到的情景让我想起了几个月前在沙恩的游泳课上看到的另一幕：父母们都在鼓励他们胆小的儿子要坚强，当男孩子跳进深水区时，家长们会高兴地大喊大叫。然而，如果班上的某个小女孩不敢跳进去，她的父母就会这样安慰她："没事的，宝贝儿……抓住我的手……不要把脸弄湿了。"我非常不理解这一点——我的意思是，不弄湿你怎么能游泳呢？

这不是我随意观察到的结果。研究表明，很多家长为自己的女儿提供了大量手把手的帮助和告诫，而他们的儿子得到的却是轻描淡写的鼓励和指示，然后由他们自己解决身体方面的挑战。我们最初是为了保护女孩的身体，后来，我们就对女孩们开始了方方面面的悉心照料。

许多这样的模式之所以会延续下来，是因为作为父母，我们会因为违反这些模式而受到社会的惩罚。一位名叫凯利的女士给我讲了这样一件事：她和儿子、女儿以及其他几个家庭一起去俄勒冈州远足。骑完山地车后，他们爬上了一处悬崖，悬崖上的岩石顺势而下，没入水中。这时，向导比利帮助所有的孩子爬上岩石，并要他们从滑梯般的岩石上滑下去。所有的男孩立刻冲了下去，但凯利一向勇敢的女儿艾丽却很紧张。向导比利没有像鼓励男孩子那样鼓励艾丽（他其实是轻轻地推了男孩子们一把），而是扶着她走下悬崖，并温柔地向她保证，如果她不想滑下去，就不必滑。

与此同时，凯利知道自己的女儿向来是无所畏惧的，于是她从悬崖底部大声喊道："加油，艾丽！"当比利不打算像推男孩子那样推艾丽时，凯利冲着悬崖上面高声喊道："快推她啊！"周围的人都吓坏了。她回忆说："那次远足中所有的大人都对我侧目而视，丝毫没有掩饰对我的不满，他们在想'你怎么能为了让女儿勇敢就鼓励别人推自己的女儿，你不应该这样对你的女儿'。"

认为男孩坚强亦有韧性，而女孩脆弱且需要保护的思想根深蒂固。2017 年，世界卫生组织与约翰霍普金斯大学彭博公共卫生学院合作发布了一项突破性的研究结果：在 15 个国家中（其中包括美国、中国和尼日利亚等国家），这些性别刻板印象被证明是普遍存在而且由来已久的。研究发现，孩子们在很小的时候就相信了这种谬见。

这种"女孩更脆弱"的心理延伸到了操场以外的领域，往往直接进入课堂之中。当女孩们得到不利的反馈时，她们的关注点是有问题的。当女孩们被告知她们回答错误或犯了错误时，她们听到的全是责备，那感觉就像利剑穿心一样。她们对自己犯错的理解就是"我真笨""我放弃"，她们几乎不会去想："噢，我知道了下次如何把这件事做好。"

然而，更大的问题是成年人的反应。为了不伤害女孩脆弱的感情，我们通常会用和缓的口吻表达任何听起来过于严厉的批评。对女孩的保护越多，越是大事化小、小事化无，就越是会引导女孩进入"安全"领域，也越会助长女孩认为自己脆弱的心理。但是，如果她们总是被保护起来，不受任何伤害，那么，当她们遭遇真正的批评或挫折时，我们又怎么能指望她们培养起抗挫能力，以避免在以后的生活中不堪一击呢？

相反，大量事实已经证明，男孩们能立即从批评或负面反馈中恢复过来，所以我们批评起他们来会不留情面。布拉德·布罗克米勒是我们编程女孩机构的一名教师，在苏福尔斯的职业技术学院执教。他说："如果一个男孩在某次尝试中失败了，他会不断尝试，并且能够从失败中恢复过来。但如果是女孩，我必须先强调她们做对了什么，再告诉她们哪些地方做错了，然后再鼓励她们。"他回忆起有一次，他让班上的学生制作网络电缆，其中一个女孩很沮丧，因为她总是做错。布拉德说："她想放弃，但为了让她继续下去，我只能反复强调她做对了多少，告诉她离成功只有一步之遥。但当一些男孩拿着一根做得不太好的电缆来找我时，我二话不说，拿起剪刀，把电缆的一头剪掉，然后说道：'不行，不是这样做的，重做！'他们就回去重做了。"

布拉德目前还担任女子篮球队的教练，他发现这与他执教男子篮球队的经历大不相同。他说："执教女孩，你必须一直鼓励她们。如果你一味地指责或批评，她们就会失去动力，你就无法让她们从恐惧中走出来。如果男孩输了，那只不过是一场游戏……他们认为在高中时期会打几百场比赛，输一场两场没啥了不起的。但对女孩来说，输掉一场比赛就是对她们个人的沉重打击。她们会想：'我到底为什么要打篮球？！'"

黛比·汉尼是罗得岛州林肯女子中学的校长。她看到许多家长左右为难——一方面家长们想要教会女儿抗挫能力，另一方面家长们又想要保护她们免受失败的痛苦。她讲了这样一件事：当一个女孩在考试中得了64分时，她的家长便会立即介入进来，一心想要帮助女儿提高分数，或者让她再考一次。黛比说："我们试着让这些父母明白失败才会提高女孩们的抗挫能力，但父母在这个时代感到紧张也是可以理解的，因此想要让家长'鼓励'女儿失败是很困难的。"

这种一心想要保护女孩免受失望和痛苦的想法根深蒂固，但更为深远的是其长期影响——如今我们许多成年女性都能体会到这种影响。想一想失败给我们带来的恐惧——无论是严厉的拒绝，还是让我们好几天都寝食难安的小错误——我们就会明白，早年生活中保护我们避免遭受失望打击的做法其实削弱了我们的抗挫能力。我们没有得到必要的锤炼，没有得到生活所需的那股子韧劲儿。值得欣慰的是，我们现在明白也为时不晚。我们可以变得更加勇敢、更加坚毅。在后面的章节中，我将向你展示如何做到这一点。

"要么追求完美，要么彻底放弃"的心态

当女孩们第一次参加我们的"编程女孩"项目的时候，我们

立刻清楚地看到了她们对不能把程序写正确的恐惧。项目中每一位老师讲述的故事都是一样的。

刚开课的时候，女孩会把老师叫到跟前，说自己一窍不通。老师看了一眼女孩的电脑屏幕后，会发现女孩的文本编辑器一片空白。如果老师不是很了解情况，她会认为这名学生在过去 20 分钟里只是一直在盯着屏幕，什么也没做。

但是，如果老师按几次撤销键，就会看到她的学生确实写过代码，只不过又被她删除了。这个女孩尝试过，而且差一点儿就写对了，只不过没有完全写正确。她宁愿一字不写，也不愿显示她所取得的进步。

这是典型的“要么追求完美，要么彻底放弃”。

梅雷迪思·格罗斯曼博士是曼哈顿上东区的一名心理学家。该地区汇集了许多私立学校，竞争异常激烈，可以说是世界上压力最大的学区。梅雷迪思和很多女孩打过交道，帮助她们调整焦虑心理。我请她给我讲讲她每天的所见所闻。

她说：“值得关注的是，女孩们在每件事上都投入了大量的精力，但她们在很大程度上却低估了自己的表现。我和很多非常聪明的女孩打过交道，她们的作文质量比大多数成年人的还要好。但我却经常听到她们这样说：‘我不可能就这样把它交上去。’她们写了又写，反复修改超过 5 次。她们宁愿要求延期，也不愿上交她们自认为不完美的作文。”

女孩们在把一段文字或一篇文章打磨得完美无缺之后，马上就会开始打磨下一段文字或下一篇文章。而且，这种循环没有中断的时候，因为她们这种超常的努力很少有得不到回报的时候。对此，梅雷迪思解释说："完美会带来更多的完美。每当某个学生通过刻苦努力或把文章反复修改5遍，而最终取得优异成绩时，她就会更加坚信：'要想成功，我就必须做到完美。'"

每个反复修改文章，直到累得精疲力竭的女孩到头来都会成为反复阅读电子邮件、报告甚至简单的生日贺卡的女性，她们在发送之前一定要确保措辞得体、表达清晰；或者成为花费数周时间规划完美宴会或家庭旅行的女性，为的是让每个人都高兴；或者成为换装6次才肯出门的女性。为了把事情做得恰到好处，我们不断地修改、返工和改进，甚至到了痴迷或抓狂的地步，结果这导致我们早早出局。

无论是在纽约市的某所私立学校演讲，还是在宾夕法尼亚州斯克兰顿的某个社区中心演讲，我都会问在场的女孩们一个同样的问题："你们当中有多少人追求完美？"几乎毫无例外，现场99%的人都举手了。她们脸上的表情不是尴尬，而是微笑。她们知道自己在努力做到完美，并为此感到自豪；她们因为这种行为得到过回报，所以将其视为一种美德。我们会对女儿们大加赞赏，因为她们成绩优异、举止得体、讨人喜欢、善于倾听、彬彬有礼、乐于合作，当然还因为其他所有能让她们在成绩单上获得加分的优良品质。我们对她们说，她们聪明、有才华、漂亮、受欢迎。她们对这些评价的反应是积极的，并且把它们当作荣誉徽章来佩戴。难怪女孩们认为完美是唯一可以接受的选择。

在完美女孩的世界里，被同龄人严厉地评判是一件非常耻辱的事。许多女孩和年轻女性告诉我，她们不会在社交媒体上发布任何不经过精心编辑、姿态不完美的照片，因此她们会反复拍照数十次，以确保发布的照片是讨人喜欢的。一位 17 岁的少女患有轻度的硬皮病——一种自身免疫性疾病，导致她额头上一小块皮肤硬化。她承认自己每天都会用心地花一个小时的时间对自拍照进行修图，用长长的刘海完全遮住额头上的疤痕。更让人痛苦的是，新潮的做法完全相反，它需要发布“未加滤镜的”照片。如此一来，要想拍一张“原汁原味的”、没有滤镜处理过的完美自拍，就变成了另外一种压力。

女孩们通常会坦率地承认，她们害怕玷污自己的成绩，所以不去上自己不确定能得高分的课程，无论她们对这门课多么感兴趣。这种情况会一直持续到大学毕业，因此她们自动关闭了自己可能喜欢的职业道路。经济学专业男生的数量是女生的 3 倍，这并非巧合。哈佛大学经济学教授克劳迪娅·戈尔丁做的一项研究显示，在经济学入门课程中获得“B”的女性比那些获得“A”的女性更有可能转专业。（而她们的男同学则坚持了下来。这该死的 B！）

女生非常担心别人认为她们愚蠢。事实证明，这也是女孩们在想做任何勇敢的事情时面临的主要障碍之一。对德斯迪妮来说，数学一直让她头疼。但是她中学里的男生让她感觉更糟。她说："我会在黑板前花很长时间试图解开一道数学题，此时他们就会说：'你太笨了'或者干脆嘲笑我，我就会感到很慌张，再也不想做数学题了。我为什么要花这么大力气去做，结果还是做不好，反而被男生们嘲笑呢？"

我知道她的感受。我记得当年我在耶鲁大学法学院学习时，在宪法法律课上，我迫切地想要有所表现，但又感到十分害怕。我心里想的是，"我是一个来自伊利诺伊州绍姆堡的女孩，是我们社区里第一个进入常青藤联盟研究生院的人"。我的同学们看起来都很聪明，个个能言善辩，我不想在他们面前相形见绌、显得愚蠢。所以我会在笔记本上写下我想说的话，然后反复写上 3 次、4 次乃至 10 多次。当我终于有了举手的勇气时，通常已经下课了。

当然，对于达不到预期标准的恐惧不仅限于课堂之上。阿曼达在高中时想学习长曲棍球，但她最终没有行动，因为她认为自己"不擅长运动"。她用两句话概括了我在多种不同场合听到的一种熟悉的观点："我只是觉得，如果我做不好，我就根本不该去做。"

重要的是，我们要明白，对于女孩来说，失败被她们定义为

“任何低于公认的 A+”的事情，其标准黑白分明：你要么一流，要么一文不值。对她们来说，失败不仅是痛苦的，也是令人难以承受的、带有毁灭性的，是要不惜一切代价去避免的。所以，如果某事不能让她们出类拔萃，她们就干脆避而远之。

僵固式思维模式的局限性

当阿曼达宣称自己不敢尝试长曲棍球时，实际上她就成了一种思维模式的牺牲品。斯坦福大学心理学家卡罗尔·德韦克在她的著作《终身成长》中描述了这种思维模式。简而言之，德韦克发现了关于能力和智力的两种不同的信念体系。

首先是僵固式思维模式。拥有僵固式思维模式的人认为，人的能力是与生俱来、不可改变的。你要么聪明，要么不聪明；要么有天赋，要么没有天赋；要么运动能力强，要么一点儿也不强。而且，对此你无能为力。另一种是成长思维模式，即相信能力可以通过努力得到发展和培养。无论你天生的能力或天赋如何，你都可以通过学习得到提高。

下面这些都是僵固式思维模式的标志：

- 一再想要证明自己。
- 十分担心犯错和失败。

- 不愿暴露自己的缺点。
- 认为不完美是丢人的。
- 期望自己马上就能做好某件事，如果做不好，就会失去兴趣，或者因为付出了努力而自我训诫。
- 将失败视为衡量一个人价值的标准，并用这些失败来定义此人。
- 只关注结果。一个人在这个过程中取得了什么成就或学到了什么并不重要。没有达到最后的标准就意味着失败，而失败就意味着此人不够聪明、没有天赋或者不够完美。

这些话听起来是不是很熟悉啊?

当你告诉一个有着僵固式思维模式的人他们很聪明或有天赋时，他们会把这些信息当作真理铭记在心，并且认为“我就是这样的”。这听起来像是在打造正面、积极的自尊，但问题是，当他们被这些溢美之词淹没后，再遇到挫折时，他们就会彻底崩溃。为什么？因为他们把任何失败——无论多么微不足道的失败——都看作是一个信号，表明他们可能并不像自己想象的那样天生聪明或天赋异禀。

僵固式思维模式也会阻止我们尝试任何超出舒适区之外的事情。有多少次，你推辞不去做那些内心向往的、可能很有趣的事情，理由仅仅是“我不喜欢冒险”，或者拒绝邀请或错失机会，理由是“我不是这样的人”？这就是僵固式思维模式在作祟。

毫不奇怪，女孩比男孩更容易产生僵固式思维模式。部分原因在于，正如德韦克博士的研究所显示的，家长和老师往往会给男孩更多的“过程表扬”，这意味着他们会奖励男孩的各种努力、不同策略的尝试、不懈坚持、不断进步等等，而非仅仅奖励结果。因为缺少这种过程表扬，所以女孩们认为如果她们不能马上得到结果，她们就是笨蛋。你可以看到这对我们以后的生活产生了怎样的影响，因为我们把日常生活中哪怕是最小的错误都当作天生局限性的表现：我们忘了给孩子取学校发的学习用品就等于我们是坏妈妈；我们收到一张尾灯坏了的罚单（我们本打算要处理的）就等于我们是白痴。我们把失败看作是对自己价值的明确否定，而不是把我们本身和我们的能力看作一项进程中的工作。

我能举出的女孩陷入僵固式思维模式的最好例子，与 STEM 学科有关。正如你想象的那样，作为一个教女孩编程的组织的创始人，我经常听到这样的话：“我不太擅长数学。”就像德斯迪妮那样，当男孩取笑她花这么长时间在黑板前解答一个数学问题时，她胆怯了；或者像在编程课上删除作业的女孩那样，把她们吓住的不是对这些科目兴趣或能力的缺乏，而是那种认为她们根本不擅长此类科目的想法。在被直言相告（或者通过我们在下一章将要讨论的那些内容巧妙地告知）男孩天生更擅长数学和计算机（事实上并非如此），而女孩天生更适合人文学科（同样，这不是事实）之后，孩子们深信自己在这些科目上的能力（或是能力的缺乏）是不可改变的。

当然，事实并非如此。卡罗尔·德韦克指出，没有人生来就拥有僵固式思维模式。事实上，我们生来就有学习和成长的欲望。只有当孩子们开始评价自己（“我聪明/不聪明”）时，他们才会害怕挑战。值得庆幸的是，作为成年人，我们可以通过此时此地的大胆实践来改造长期以来的僵固式思维。

被压制的声音与情绪

一月下旬一个阴沉的下午，我坐在一张会议桌旁，和一群来自哈莱姆区的女高中生聊天。金姆是这群人中最固执己见的一个，她以她这个年龄的女孩所特有的气质坐得笔直，所有的外在迹象都表明这是一个自信而有安全感的女孩，所以当她和我们分享她内心的真实感受时，我很惊讶。

她说：“我觉得，每当女孩们替自己讲话时，就会因此受到批评，因为这样看起来太专横了。尤其是如果我以一个黑人女性的身份为自己说话时，男孩们根本不理解。但如果一个男孩这样做，那就显得他很有大将风度……但如果是我这样做，那就只不过是一个愤怒的黑人女孩而已。男孩可以说一些愚蠢的话，比如他们只喜欢浅肤色的女孩……但如果我向他们表示抗议，他们就会说我就喜欢抱怨，然后对我置之不理。”

“但是你很坦率，”我说道，“他们的反应对你有影响吗？”

“拜托……你以为我真想因为自己的想法而自找麻烦吗？”金姆说话时装出一副强硬的样子，但我能听到她声音里有一丝颤抖。她的虚张声势与她内心的脆弱不太相称。沉默片刻之后，她使劲眨了几下眼睛，解释说，她只是觉得与其同那些试图贬低她的男孩争执下去，不如保持安静更省心。“每个人都认为我不在乎，但实际上我很在乎，”她继续说道，“我觉得无论我说什么都只会激化矛盾，然后更多人参与其中，把矛头指向我，我才不自寻烦恼呢。”

桌子周围的其他 7 个女孩都会意地点点头。不要做得太多，不要说得太多，当然也不要说任何让别人听上去觉得你很生气或让别人觉得你有点儿任性的事情。就这样。

从女孩很小的时候起，周围的人就训练她们在被他人冒犯时必须控制住自己的愤怒，这一点跟男孩子不一样：大家都要求男孩要为自己挺身而出，或者以牙还牙。这就解释了为什么女性为了避免惹是生非，大都会委曲求全；这也解释了为什么她们会选择缩小自己的个人权益，咽下负面情绪，避免显得自负傲慢或因直面冲突而带来恐惧。一方面，女孩们会因为她们表现得彬彬有礼、谦和温顺、行为得体而得到父母和老师的称赞；同时，女孩们会因为直言不讳而受到同辈人的惩罚。从孩提时期开始，顺从的女孩通常都会得到奖励，结果，这直接转化为她们终身的习惯，压制了她们直言不讳、尝试冒险的本能。此外，男性的说教和控制也起到了推波助澜的作用。研究结果显示，女性在会议上发言的时间不到男性的75%。这并不奇怪。

让女孩们得到奖励的另一种美德——谦逊，也在让我们保持安静和温顺方面发挥了作用。我最近听说了一个故事，这个故事发生在俄亥俄州郊区的一个小学毕业典礼上，当时几个孩子获得了学校的学业奖及领导才能奖。其中一名学生的母亲向我描述了这样的场景：男孩获奖时，他会昂首阔步地走向舞台。而且，不止一个男孩“摩拳擦掌”，他们在尝试做出许多职业运动员在胜利时刻使用的街舞动作。但当女孩获奖时，她们会立刻用手遮住面部，做出一副吃惊的表情，好像在说：“谁？是我吗？你们想给我颁奖吗？”

为什么女孩子不欢欣雀跃呢？因为对女孩来说，第一大忌就是表现得“争强好胜”，第二大忌就是表现得“自负傲慢”。于是，她们就表现得低调、矜持和犹豫。经过10年、20年、30年的沉淀积累，我们就会发现，谦逊已经变成了一种令人不安的温顺懦弱，使得女性过于拘谨，不敢自我推销我们的专业成就（可能是因为我们知道其他女性会为此批评我们，就像我们会批评她们一样）；但我们的男同事却会自豪地吹嘘他们的成就。我们低估了自己的能力，不敢主动寻找工作，除非百分百地确定我们能胜任这一工作。但男性则不然，哪怕他们只符合60%左右的要求，也会勇往直前。麻省大学的米歇尔·海恩斯和纽约大学的玛德琳·海尔曼的一项有趣的研究表明，女性低估了自己对合作项目的贡献，她们会更多地把功劳归功于男同事。

38岁的凡妮莎是一位成功的皮肤科医生。她是那种能力出众的人，所以你不会认为她在展现自己的成就时也会惴惴不安。然而，在一次例行的洗牙过程中，她的牙医（一位年长的男性）一听说她的职业，便马上开始讲述他儿子的故事。他儿子是一所医学院的住院医生。凡妮莎说："我就坐在那里，听他絮絮叨叨，不停地说我该怎么给他儿子打电话，因为他可能会给我一些工作方面的好建议。我当时在想，'什么鬼？有没有搞错啊！我有自己的诊所，手下有三个助手，被全国性杂志评为顶级医生！'但我一直静静地坐在那里，没有勇气告诉他应该是他的儿子打电话向我征求意见才对。"

如果我们想要取得成功，就必须有主见和自信，但我们知道这样做肯定会遭到众人的极力反对，所以我们不得不小心行事——也就是说我们陷入了进退两难的处境。当有人赞美我们时，我们总是表现得谦卑低调。我一直对此十分纠结。每当有人在演讲前介绍我时，他们总是会把我获得的奖项念给观众听。然后我就起身开玩笑说："这可能是我老爸加上去的！"我敢肯定没有哪个男人会这样说。

人们要求女孩安静、恬淡、谦虚、勤奋、可爱、随和。你可以看到，所有这些特质可能会在我们少女时代为我们赢得很高的赞誉，但未必会对成年后的我们有什么帮助。

此时此刻，如果你是一位家长，正在读这篇文章，你会想："我把我女儿彻底毁了！"或者你正准备责怪父母对你造成的伤害。在此让我打断你一下：要求女孩完美的压力并不都来自父母，更重要的是，我们要理解这种文化规范是多么根深蒂固，想不被内化是多么困难。你将在下一章中读到，女孩承受的压力更多的是来自我们所处的文化，她们的父母也同样深陷其中。但是，你也不要感到绝望——无论是对你还是你的女儿，所有的希望都没有失去！正如心理学家梅雷迪思·格罗斯曼博士所说："我们不是要追究父母是否毁了你，重要的是要意识到这些内化的观念并做出不同的选择。"

我们可以做出彻底的改变，重新学习这些习惯——帮助我们的女儿们也这样做——只需要一点点的意识和实践。在本书第三部分，我将与大家分享我最好的建议、想法和策略，并且告诉大家如何做到这一点。

第2章

完美陷阱2：我必须向所有人展现最美好的一面

我们生活在一个彰显女性力量的时代。从唱着火辣歌曲的碧昂丝，到塞雷娜·威廉姆斯这样的运动健儿，再到凯特尼斯·伊夫狄恩和神奇女侠这样的文艺片女主角和银幕上的女英雄，我们的文化正在发起一场运动，号召女孩们团结起来，告诉她们：她们能行，也能成功。当然，我们想让我们的女儿知道，她们可以做好任何事情——任何她们下定决心要做的事情！对不对？

然而，所有这些"积极的"信号都有其阴暗的一面。我们把这些具有传奇色彩的女性树立为榜样，想给女孩们更多力量。但对许多女孩来说，这是一种巨大的压力，这是在要求她们把每件事都做到尽善尽美。我们说的可能是"你无所不能"，但在她们听来却是——"你必须无所不能"。我们以为是鼓励，但她们却会当作期望。

我的朋友雷切尔·西蒙斯是美国著名的女性问题专家之一，也是畅销书《好女孩的诅咒》（*The Curse of the Good Girl*）的作者。她指出，这种心理是导致我们在当今年轻女性身上看到的严重心理健康危机的因素之一。抑郁症和焦虑症的发病率正急剧上升。雷切尔说，部分原因是如今的女孩每天都生活在角色冲突之中。她解释说：“我们只是增加了一个所谓的‘成功女孩’的定义，却没有使其合乎时代发展。如果你被要求每天在图书馆里学习 6 个小时，你又怎么能拥有一个很棒的身体和完美的周末计划呢？”如今这个时代，女孩们需要友善也需要凶狠，需要礼貌但也需要大胆，需要合作但也需要开拓，需要强壮但也需要漂亮。不仅如此，在这种崇尚“天生完美”的文化中，必须让自己看起来毫不费力——就像她们天生就如此完美一样。

苏菲就是一个很好的例子。十五岁时，她身材瘦高，肤白如雪，笑起来露出两排洁白整齐的牙齿，很迷人。她是一名足球明星，七年级时就加入了校队；八年级时在《美女与野兽》中扮演美女；九年级时被选为学生会成员——这是一个在她的学校竞争激烈、令人羡慕的职位。当然，她的成绩也多半是 A。如果你见到她，你会立刻被她的气质和口才所打动。苏菲的妈妈迪娜很自豪，但也很担心。迪娜说过，尽管父母都劝她放轻松，但苏菲对自己的要求却相当严格：每天早上天刚亮，她就起床健身，之后上学。晚上为了完成作业，她常常熬夜到下半夜（还戴着牙齿美白贴和抗痘口罩）。在外人看来，她似乎总是有条不紊、从容笃定，但只有她的家人才能看到她几乎每天晚上都因为沮丧或疲惫而哭泣。苏菲每周的全部时间和精力都花在了训练、学习、处理学生会事务以及完善自己的外表上——除了父母，其他人都不知道她明星般的外表下所经历的痛苦。

你可以大胆一点儿、勇敢一点儿……但一定不要“踩到任何人的尾巴”或去冒犯任何人；去做你想做的事 ...... 只要这是我们期望你做的；说出你的想法……但说的时候你一定要面带微笑；不要接受不符合自己价值的要求……但要礼貌地提出要求；要努力工作……而且要让工作看起来比较轻松。这一章让我们简单了解到流行文化是如何塑造完美女孩的，以及在彰显女孩力量的时代，当她们遇到自相矛盾的信息时会发生什么。

无处不在的性别歧视

请记住，我们不能只责怪无数父母养育了一代代害怕失败、害怕直言不讳、害怕与众不同的女孩，因为我们（我们的父母以及他们的父母）在成长过程中所接受的社会性别观念，已经深深地烙印在我们心里。如果这些观念没有出现在我们的教育中，那才是令人震惊的。我们不能完全归咎于我们的父母，而是需要更深入地了解我们所处的文化氛围，搞清楚性别期望在哪些方面仍然盛行，并在下一代中再次生根发芽。

这种文化灌输很早就开始了，从孩子玩玩具时就开始了。孩子们在 30 个月大的时候就开始学习性别角色，他们所接触的玩具和其他商品在这种教育中扮演着重要的角色。研究表明，男孩和女孩的游戏选择会对他们如何看待自己和自己的能力产生持久的影响，包括他们认为长大后自己会擅长什么职业。我们几乎很难相信儿童游戏能产生如此强大的影响，但事实确实如此。这远远超出了玩具卡车和洋娃娃的对比，或者粉色和蓝色的对比。这些玩具所传授的技能设定了性别叙事，规定了孩子们“应该”喜欢什么和擅长什么。大多数为男孩设计的玩具和游戏，比如乐高玩具和网络游戏《我的世界》，都是为了培养大肌肉运动技能，比如跑步、踢球和空间技能等，这是一种三维可视化技能，据说可以以此预测孩子在STEM科目上的成就。相反，女孩的玩具通常培养的是小肌肉运动技能，比如写作、手工、语言发展和社会交往技能。你可能认为人类的进化发展已经超越了这个阶段，但事实上，学者伊丽莎白·斯威特在加州大学戴维斯分校的研究表明，今天的玩具性别营销策略与50年前相比，有过之而无不及——而当时的性别歧视和对男权意识的尊崇已经像苹果派一样根深蒂固于我们的文化之中了。

谈到玩具的影响，就不得不提到“公主现象”。近年来，有关公主的电影和日常用品对女孩的影响一直是人们热议的话题。在所有的对话和文章中，杨百翰大学的一项研究引起了我的共鸣。萨拉·M.科恩教授观察了198名学龄前儿童的表现，发现96%的女孩以不同的方式参与到了“公主文化”之中。这并不让人感到惊讶。但更有趣的是，一年后，当她再次观察这些孩子时，发现这些女孩越是观看有关公主的电影、玩“公主”们玩的玩具，她们身上表现出来的女性行为越典型——比如玩耍时表现得乖巧、安静，避免弄脏自己，或者表现得顺从、被动、弱不禁风，并且看重那些显得自己教养良好、身材纤细、外表漂亮、乐于助人的特质。不管我们有没有意识到，这在很大程度上影响着我们。一项相关研究表明，自认是公主的成年女性对工作更不感兴趣，更容易放弃挑战，更看重像外表这样相对肤浅的特质。

这里有一个关于女孩受到玩具世界影响的特别可怕的例子。2014 年，美泰公司出版了一本名为《我可以成为电脑工程师》的有关芭比娃娃的儿童图书。书名听起来很励志，是不是？不过请等一下。开篇几页之后，芭比正和她的小妹妹斯基珀谈论她的机器狗游戏。斯基珀说："你的机器狗太可爱了，我能玩你的游戏吗？"芭比笑着说道："我只是创造了设计理念，需要史蒂文和布莱恩[①]的帮助才能把它变成真正的游戏。"

不，我不是在开玩笑。

寥寥数语间，芭比传递给女孩们的信息是："你们不够优秀，不够聪明。电脑是男孩的东西，所以如果你想做一些技术性的东西，那就需要他们的帮助。"人们在这里借芭比娃娃之口，表达了女性在科技方面所面临的一些最糟糕的刻板印象。

最终，随着我们慢慢长大，游戏时间结束了。但一旦我们不

---

① 史蒂文（Steven）和布莱恩（Brian）都是男孩名。——编者注

再玩玩具，流行文化就会再次强化这些性别概念。在女孩们醒着的大部分时间里，她们会受到一些毫不避讳的图像和信息的狂轰滥炸，告诉她们社会对她们的期望以及她们应该如何表现。这些信息无处不在，从时尚到电影再到头条新闻。她们在金宝贝的橱窗里看到的T恤衫上要么印着“像妈妈一样漂亮”，要么印着“像爸爸一样聪明”的字样；更大一点儿的十几岁女孩（这是小女孩们崇拜的对象）穿着“FOREVER 21”品牌的流行T恤，上面写着“对代数过敏”；她们在一段广为流传的视频中看到，南卡罗来纳州一名校长告诉女孩们，除非她们是穿小号的身材，否则穿紧身裤会让她们看起来很胖。

毋庸置疑，媒体和流行文化为男性提供的现实完全不同。从漫威的超级英雄电影到家庭影院对硅谷的刻画，男孩们所看到的形象强化了他们幼年时得到的同样的信息：他们需要在身体、智力以及其他方面变得大胆和勇敢。这并不算什么新闻，但当我们看到男性对阳刚之气的理解同他们的行为之间的一致性的时候，这就变得有趣了。在一项实验中，加州大学伯克利分校哈斯商学院的一名研究人员利用一项赌博任务评估男性受试者的风险承受能力，之后又让他们阅读有关男性气概的书籍，然后又对他们进行评估。结果表明，仅仅通过阅读有关男子气概的书籍，平均而言，男性比阅读之前的风险承受能力增加了很多。

喜剧演员艾米·舒默在照片分享平台Instagram上发布了一张

照片，照片中，报摊上《女孩生活杂志》和《男孩生活杂志》并排摆放着。她用这种方法强调了男孩和女孩所接收到的信息存在明显差异：《男孩生活杂志》的封面上用粗体字写着“探索你的未来”，此外还有飞机、消防员头盔、显微镜、电脑和人脑的照片；《女孩生活杂志》的封面上是一个十几岁的金发小女生，旁边写着那些经典台词“醒来，漂亮小妞！”“你会爱上的秋季时尚：第一天就有100多种让人迷恋你的方式！”“你是年度最佳！如何开心、交友、得到全部的A”。这些话听起来可能像是20世纪50年代的经典新闻标题，但事实并非如此——这些话都是2017年杂志的封面语。人们引以为荣，丝毫没有认为其中有讽刺意味。舒默用一个字的评语很好地概括了我对这种信息的反感：“滚！”

在为写这本书做调研时，我偶然发现了短篇故事指南网站shortstoryguide.com，这是一个帮助中小学教师和学生找到不同主题故事的网站。我输入了“勇敢”这个词，在列出的17个故事中，只有4个故事的主人公是女性。其中一个主人公是位公主，但她似乎因为射杀了一头扑向她的狮子而感到愧疚。另一个主人公是一位有抱负的天文学家，她“不得不在墨西哥风格的牛仔竞技表演中帮助家人，但内心却在欲望和传统之间纠结”。与此同时，在剩余的故事中，男主人公都非常勇敢，他们敢于面对暴力团伙、纳粹间谍，敢于去捕熊，敢于攻占俄罗斯人的堡垒——他们没有丝毫愧疚，也不用承担任何家庭义务。

《观察家报》与尼尔森联合进行的一项研究评估了 2017 年 100 本最受欢迎的儿童读物，发现现代文学中依然顽固地残存着性别歧视的趋势——男性扮演主角的可能性是女性的两倍，女性只能扮演一些跑龙套的角色。当角色以动物的形式出现时，强大而危险的熊、龙和老虎大多是雄性的，而个头较小、能力较弱的鸟、猫和昆虫则是雌性的。这些书中有 1/5 的内容根本没有女性角色。

男孩和女孩会根据他们看到了什么（甚至没看到什么）来塑造自己。正如儿童权利活动家玛丽安·赖特·埃德尔曼的名言："你无法成为自己看不到的人。"在大量电影和电视剧中，有一个流行的主题——一个被拒绝的书呆子后来成了马克·扎克伯格式的成功人士。但是对于女孩来说，却没有类似的故事。我们经常思考、讨论为什么没有更多的女孩对科技感兴趣，但这其中有个关键因素，只要看看媒体对大兄弟程序员（Brogrammer）的描述，你就知道原因了——这些身着连帽卫衣的白人男孩，才华横溢，但不善交际，整天沉迷于电脑网络。女孩看到这种描述会说："不，谢了，我才不要成为他那样的人。"

相反，她们看到的是电视剧《新泽西娇妻》（以及《纽约……贝弗利山庄……和亚特兰大的家庭主妇》）中的女性围着餐桌，一起在背后伤人，恶语相向，以及电视剧《单身汉》中的女性在最后的玫瑰仪式上展开激烈争吵。不用说，这些都并不是我们最好的榜样。荧屏中的厉害女性角色通常被刻画成冷酷无情的坏女人，就像电视剧《权力的游戏》中的丹妮莉丝·坦格利安和《河谷镇》中的谢丽尔·布鲁森；或者被刻画成反复无常的疯女人，就像电影《三块广告牌》中由弗兰西斯·麦克多蒙德饰演的那位悲痛欲绝的母亲，或者是电视剧《逍遥法外》中由维奥拉·戴维斯饰演的那位令人敬畏但情绪不稳定的律师。

在刻画勇敢的女性时，她们几乎都是卡通化的人物。不错，我们的确有像《神奇女侠》那样的电影，女主角既生猛又善良，能说12种语言，但当男人们告诉她有些事情她不能做的时候，她根本不知道他们说的是什么意思。她只是一位被神化的超级英雄，超越了人类情感。《暮光之城》系列影片中的主角贝拉也是如此：在故事前3/4的部分中，她是一个温顺而又需要帮助的凡人，只有在她变成吸血鬼之后，才获得了超自然的力量和勇猛的特质。在改编自同名电脑游戏的经典电影《古墓丽影》中，艾丽西亚·维坎德饰演的劳拉·克劳馥是个身手矫健的女汉子，但现实生活中的女人有谁能从紧急迫降中活下来，有谁能从瀑布顶部跳伞，又有谁能用弓箭击退机枪的攻击——同时还要让自己看起来时尚性感？

在屏幕上看到跟你很相像的人很重要：在茱蒂·惠特克出演了系列科幻电视剧《神秘博士》中的首位女博士后，很多女粉丝那种情不自禁的喜悦之情在互联网上蔓延开来。这件事充分说明了这一点。13 岁的时候，当我在电影《被告》中看到女演员凯利·麦吉利斯的不俗表演之后，决定要当一名律师。这是我第一次在电影中看到女性角色与大男人的坚决对抗。和父亲离开电影院时，我对他说道："爸爸，我想成为她那样的人。"现在想一想，所有的年轻女孩们——她们因为影片《隐藏人物》而知道了凯瑟琳·约翰逊是谁，她们现在明白了自己也有可能成为美国国家航空航天局（NASA）的科学家。这些都是我们需要为女孩子们树立的现实中的榜样。

完美照片的压力

如今，社交媒体满足了人们对完美的期待，这或许比其他任何媒介的影响都要大。女孩们每天要花 9 个小时浏览朋友们源源不断上传的完美照片——几乎所有照片都经过修改和编辑，目的是向世人展示照片的主人是多么受欢迎，多么无忧无虑，多么聪明、漂亮和酷。

听着我遇到的一些千禧一代的女性的谈话，我不禁为她们感到担忧。她们承受着如此巨大但又完全日常的压力，要在她们的网络生活中展现出超乎想象的完美形象——这些话让我感到很震惊。"维护个人品牌"现象在严重困扰着她们，拍摄、编辑完美的照片比其他任何事情都更耗费她们的时间和精力。我曾听到一群 20 多岁的女孩在讨论她们这些朋友中谁最痴迷于得到理想的照片。她们在萨莎和蕾拉之间左右为难，不知该选谁：萨莎每天早上在镜子前反复摆拍，以确定哪种姿势与她当天的“气色”最搭；而蕾拉经常强迫男友和她在日出时一起拍一张合影，为的是在黎明时分捕捉自己“最美”的镜头。还有其他女孩告诉我，有些人晒出的“丑陋”照片让她们梦魇不断；也有女孩告诉我，她们感到恐慌，因为她们必须积极地记录下自己每天所做的每一件小事，以保持在同龄人眼中的“存在感”。

也许是为了保持真实自我的感觉，她们实际上把自己分为两种身份：她们精心塑造的网络形象和真实的自己。许多女孩都分别开通了 Instagram 或 Snapchat 账户，可以访问她们私人账户的只有她们最亲密的朋友，只有在私人账户中她们才会晒出自己穿运动裤的照片，分享她们学习呼啦圈舞时看起来傻乎乎（事实就是如此）的视频，或者在结束一段恋情时留言以表达悲伤。

她们知道这种身份分裂是不健康的，但对此却感到无能为力。人们对她们的期望是“积极而漂亮”，如果她们达不到这一期望，肯定会被人说三道四。安娜是一名研究生，今年 25 岁。她使用了“消极羞辱”这个词来表示她经常感受到的压力——当她发布的内容太过粗糙或真实时。安娜回忆起自己和男朋友刚分手后的那段日子，当时她真的很颓废，于是就发了一篇关于自己情绪低落的帖子。结果，周围的人不但没有支持她，反而说她“过于神经质”。发帖不到一小时，她就把那篇帖子撤了下来。

对女孩来说，“坚持让自己得到更多人喜欢”的做法更安全，也更容易，因为那是她们的通行证。你越循规蹈矩，追随你和喜欢你的人就越多。在完美女孩的世界里，追随你和喜欢你的人越多，你的价值就越大。可见，精心设计才是王道。

比较也是如此。心理学家、《大脱节：数字时代的养育、童年和家庭联结》（*The Big Disconnect: Parenting, Childhood, and Family Connection in the Digital Age*）一书的作者凯瑟琳·施泰纳·阿达伊尔研究发现，只要花 9 分钟浏览其他人的简介和照片，女孩们的焦虑感就会激增。她们的“错过恐惧症”（FOMO，fear of missing out）是非常非常真实的：每一篇她们没有参与的有趣聚会的帖子都会让她们感到自己遭到排斥、不受欢迎，每一张完美无瑕的照片都会让她们感到自己的不足。她们不断地在无休止的比赛中竞争：谁拥有更多的追随者，谁的照片得到更多的赞，等等。呵呵，我明白，别看我已经 42 岁了，可我仍然痴迷地刷着自己在 Instagram 上的帖子，看看自己得到了多少个赞。

阿达伊尔回忆起她采访过的一个女孩。这个女孩经常和家人去度假。在一次旅行度假回来之后，她告诉阿达伊尔：“我假期过得棒极了，但在看到另一个女孩晒出的度假地点之后，我开始想，我们家是不是很穷啊？”阿达伊尔一开始以为她是在开玩笑，但这个女孩显然是认真的。阿达伊尔对此评论道："当然，这都属于第一世界的问题，微不足道。但这种想法非常可悲——比较会削弱和和美美一家人度假的意义和热情。"

所有这一切还有更糟糕的一面，其后果可能从受到伤害、感到尴尬发展到严重的心理问题。遗憾的是，羞辱和欺凌并不是什么新鲜事，甚至在社交媒体上的羞辱和欺凌也不是什么新鲜事。新鲜的是，它开始的年纪越来越小。如今，很多7岁的小女孩都有了自己的Instagram、脸书和Snapchat账户。她们年龄太小，还没有制定出相应的策略来应对她们在这些社交网站上看到的批评。一个十岁孩子的妈妈给我讲了一个关于她女儿的故事：她女儿两年前在Instagram上发的第一条帖子是一张一碗巧克力冰激凌的照片。她学校的一个女孩评论道："呃……这是屎吗？"她的女儿感到十分羞耻和尴尬，从那以后，她再也没有上传过任何照片。

另一位母亲眼中含泪、声音颤抖地告诉我，她13岁的女儿正经受着饮食失调的折磨。起因是她在网上发布了一张自己身着泳衣、披着浴巾的照片。但之后不久，这个女孩就出现了饮食失调的症状，因为一群男孩截屏了她的照片，并在网上传阅，照片的标题是"毯子里的猪猡"。最近，我读到一篇关于Snapchat的可怕而狂热的文章。在这篇文章中，中学生们竞相看谁能对另一个孩子的性格或外貌发表最残酷的侮辱性评论。

女孩们似乎没有足够的时间来彼此对抗，因为她们中的许多人会忍不住登录www.prettyscale.com这样的网站，上传自己的照片，并得到该网站所设计的具有煽动性的问题“我漂亮还是丑陋？”的答案。（问题下面有一行小字提醒道：“如果你感到自卑或不自信，请不要开始测试。”这似乎把所有青春期前和十几岁的女孩排除在外。）或者，女孩们也会登录可以匿名发帖的网站，比如ask.fm、Kik和Voxer。毫不奇怪，匿名网站是滋生残酷网络欺凌的沃土，这种网络欺凌还与悲剧性的自杀事件相关。比如，12岁的丽贝卡·安·塞德维克在一群中学生欺凌者的起哄下自杀了。这十分令人痛心。如果说有什么理由让我们学会勇敢的话，那就是为了教会下一代在面对这些信息和挑战时如何做出勇敢的选择。

看着这一切，我们开始意识到，作为成年女性，我们是多么倾向于安全行事、文过饰非、追求完美，并且为此付出了代价。这就像一段代码，经过多年的“完美女孩”训练，已经被编入我们内在的程序之中。但是，请向对编程有所了解的人学习：所有的代码都可以被修改和重写，包括你是“选择完美”的代码还是“选择勇敢”的代码。

第 3 章

完美陷阱 3：我必须完美才能向前一步

“如果生活是一段漫长的小学阶段，女孩将统治世界。”

卡罗尔·德韦克的这句名言对我们所有被灌输要成为完美女孩的人都产生了巨大的影响。当然，她说得没错：在学校里，追求完美可能对我们很有好处，但在现实世界中，并没有完全的A，所以我们长大后很快发现规则发生了变化，我们所学的一切突然之间似乎都适得其反。昔日曾带给我们回报的行为——如乖巧、礼貌、随和，会突然间让我们付出巨大的代价。

表现乖巧并不能让我们升职或获得权力，当然也不能让我们加薪。过于迁就别人会让我们陷入我们不想要的处境和人际关系中。我们会注意自己的举止，保持沉默。这让我们感到不安，因为我们知道，当我们的叔叔乔在讲一个他常讲的种族主义笑话时，我们没有让他闭嘴；当某位同事把我们的主意据为己有时，我们也没有指出他这是违规。在课堂上表现得温顺听话可能会为我们赢得金色的星星，但在现实世界中，这些星星不会从天上掉下来。

我曾经在加州的一次会议上遇到一位女士，她问我：“当世界对完美表现给予奖励时，我怎么能不追求完美呢？”我对她的回答是，也许在高中或大学会奖励完美，但现实世界却不同，因为现实世界奖励的是勇敢。

追求完美可能会让我们走上一条自以为安全的道路，但让我们摆脱别人眼里“应该”走的道路，从而走上我们自己真正想走的路的却是勇气。完美可能会为我们加分，在办公室赢得人气，但当我们遭遇职场性别歧视或性骚扰时，让我们敢于直言，表明自己立场的却是勇气。大学平均成绩 4.0 分、面试着装完美得体、带着迷人的微笑也许能让我们进入职场，但我们仍需要勇气让我们的工作得到认可，进而超越初级阶段。拥有完美的头发或完美的身体也许有助于我们找到心仪的爱人，但坠入爱河、失恋之后从头再来则需要勇气。努力成为一个完美的母亲可能会在操场上为我们赢得他人的默默赞许，但给我们的女儿探索和犯错的自由则需要勇气——尽管我们拼命想把她们包裹在气泡膜里，想要永远保护她们。完美可能让我们在一些瞬间感觉很好，但勇敢能让我们度过艰难的时刻，克服那些让我们感觉无法克服的巨大失落感。通过勇敢，而不是完美，我们可以创造属于我们自己的生活，让我们的生活不仅看起来很好，而且真的很好，充满快乐和自由，完全属于我们自己。

我还有其他选择

露丝告诉我说：“快 30 岁的时候，我才知道自己在生活中还有其他选择。”我和她是在一家美甲沙龙认识的，当时我俩相邻而坐，开始了一段不同寻常的亲密对话，就像我们有时会和一个完全陌生的人随意交谈那样。露丝年轻时就得到了这样的信息：对她来说，比较合适的人生道路是当一名教师，结婚生子，然后待在家里相夫教子。她一直没有意识到自己还有其他选择——直到 28 岁那年，她有一个朋友加入了志愿者组织和平队，前往南美工作。“当时我突然想到，等一下……这是说我也能那样做?!”现年 62 岁的露丝说，有时候她会想，假如她曾认真地问过自己真正想要的是什么，那么她的生活又会发生什么样的转变呢?

小女孩时期学到的所有经验教训都会对我们的人生选择产生实质性的影响。我们中许多人接受的教育是取悦他人——首当其冲的就是我们的父母，于是我们就遵循“别人期望”的路，不会去质疑这是否是我们自己想要的路。对一些人来说，比如露丝，那就是结婚生子；对另一些人来说，就是不知疲倦地工作，以取得成功。我经常在由移民父母养大的年轻女性身上看到这一点，比如亚拉。亚拉的父亲在荷兰的一个小城长大，当时他们家徒四壁。亚拉说：“当父亲举家移民到美国后，他认为我必须事事成功，因为这就是他来美国的原因。”

朱莉安是第一代亚裔美国人。在她 31 岁的时候，她的家人仍然不赞成她选择的生活。她的父母想让她成为一名医生，但学习了一段时间之后她意识到这不是自己想要的人生，于是就放弃了学医，选择了她真正喜欢的专业。在她的内心深处，她仍然怀疑自己是不是个失败者。她告诉我说：“每当全家人在一起时，我的内心总会暗流涌动：‘你为什么要选择那个专业……难道你不能走另一条路吗？’”

作为印度移民父母的女儿，我完全理解。我曾经想，如果我把每件事都做得完美无缺，比如拿全A，成为学校辩论队的第一名，并且在大学里致毕业辞，那么我父母作为难民所做的一切牺牲就都是值得的。所以，尽管我暗地里梦想着成为一名公职人员，但我还是去了一家著名的律师事务所工作，因为我知道这会得到父亲的认可和赞扬。我讨厌律师工作，但我从未表现出来。之后我在一家知名的金融公司找到了一份高薪工作，尽管对我来说，赚钱只是达到目的的一种手段（比如还清自己的学业贷款，然后继续改善生活），然而，我不断做出类似的选择，在公司晋升的阶梯上爬上了一个又一个台阶，让自己一天比一天痛苦。我把所有的空闲时间都花在了志愿组织政治活动和回馈社会上，但我在金融业的日常工作却与此完全脱节。在我30岁刚出头的时候，我每天早上醒来时都像胎儿一样蜷缩着，心中怀着一种病态的意识：“我自己的事业一事无成。”表面上，你可能会认为我事业有成，但实际上，我认为自己离梦想之路还很远很远。

那是我一生中最黑暗的时期。当时我身心俱疲，通常一下班就回家，换上宽松的衣衫，倒上一杯酒，打开有线电视新闻网络，然后就开始哭。我感到窒息，不知道下一步该做什么，内心也十分恐惧，不敢放弃现在的工作，也不敢让自己从陷阱中逃脱出来。

直到2008年那一天，一切都改变了。

我清楚地记得那是八月里一个热得令人窒息的日子，街道被晒得黏糊糊的，站在地铁站台上让人觉得自己像被烤焦了一样。当时，我坐在纽约曼哈顿中城中心48层那间密封严密、冷气嗖嗖的办公室里，穿着一套合身的蓝色西装和一双简直要命的超高的高跟鞋。我强忍住泪水，就连我下午喝的卡布奇诺咖啡也仿佛充满了恐惧和遗憾的味道。

不到两个月前，我前往华盛顿特区，在总统的竞选活动中担任志愿者，付出了大量艰苦的努力。和其他许多人一样，我感到灰心丧气。在听候选人演讲时，我泪流满面，同时，她传递出来的信息也让我产生了极大的共鸣：失败并不意味着我们应该放弃自己的目标和梦想。

在那闷热的一天，我的脑海里反复重复着这些话，直到我的电话铃声响起。来电话的是迪帕，我法学院最好的朋友之一。她认识我的时候，我还是个神采奕奕的研究生，认为自己无所不能。（有一次，她突然撞见我站在她宿舍阳台上练习我的“总统候选人提名演讲”。）我从来没有这么高兴看到一个名字在我的手机上亮起来！我迅速穿过阴暗的办公区，悄悄走进后面一间会议室，关上门，甩掉那双可恨的高跟鞋，接通了电话。一听到迪帕的声音，我的眼泪就涌了出来。当时我听起来一定有点儿疯狂，我一边哭泣哽咽，一边告诉她我再也受不了这份工作了……我感到十分空虚，生活没了目标。她耐心地听着，一直等我讲完，停顿了一会儿，然后干脆而平静地说道："那就辞职吧。"也许是因为我听到了最好的朋友允许我做一些自己一直不敢去做的事情——从我记事以来，我第一次感到了一丝希望。

在那之后不久，我鼓起勇气告诉父亲，我想辞职去竞选公职。当时我很担心他会说我不应该这样做，如果这样的话，那我对他不赞成的恐惧会让我彻底放弃这个想法。给父亲拨电话时，我紧张得双手发抖，因为我太想辞职了，我不希望有任何阻力来减弱我的兴奋之情。你知道他说什么吗？"是时候了！"我从来没有像那天那样为自己是我父亲的女儿而感到如此自豪，我也从来没有因为没早点儿把真相告诉父亲而更加自责。从长远来看，我通过追求自己的梦想，最终实现了他的美国梦。

我遇到过很多女性，她们也都犯过我早期犯过的错误。梅丽莎是一名艺术史专业的学生。22 岁那年，她在笃信宗教的父母毫不掩饰的敦促下，嫁给了一个不错（但无趣）的犹太男友，放弃了自己当艺术家的梦想。接下来的事情几乎是水到渠成，她搬进了一所漂亮的房子，有了自己的社交生活——这一切几乎是她父母的翻版，包括加入犹太教堂。几年来，她愉快地扮演着优雅的女主人和郊区家庭主妇的角色，直到有一天，她慢慢意识到一个问题："这就是我的生活吗？"25岁的一天，她早晨醒来后环顾四周，发现自己的家和生活都是那么的原始古朴。她心中想道："哦，天哪！不能这样下去，我不能就这样终老一生！"到26岁生日时，梅丽莎恢复了单身生活，在一家艺术画廊做接待员。她几乎没有收入，住在布鲁克林一间无电梯的小公寓里。她的生活完美吗？不。但她从来没有像现在这样快乐过，因为她已经摆脱了人们对她"必须如何做"的期望。

有关完美的谬论

当我第一次和女性谈论完美这个话题的时候，发生了一件有趣的事情。我先是问了她们一个我认为很简单的问题来开启对话："你认为自己需要变得完美吗？"我以为答案显然是肯定的，但几乎所有人的回答都完全相反。我都开始怀疑自己是不是搞错了。

然后我意识到，她们回答这个问题的思路和我试图理清的思路完全一样。她们给了我她们认为正确的答案——完美的答案。她们说自己当然知道追求完美会让人士气低落，既浪费时间又浪费精力。然而，我听到的故事几乎都在讲述完全不同的事情。

于是，从那时起，在同女性交谈时，我改变了提问方式，我不再问那种“是”或者“不是”的二元问题——我让她们从 1 到 10 给自己打分，10 分表示她们强烈要求把生活中的每件事都做得完美无缺。正如我所猜想的那样，一旦我不再暗示“正确答案”可能是什么，结果马上就不一样了：她们的平均得分在 8 到 10 之间。对话的大门打开之后，我问她们，她们的朋友和家人是否曾暗示过她们对自己的要求不够合理。答案通常是肯定的。我问她们是否认为，无论她们做什么，都应该做得更好。对这一问题，几乎所有女性都表示同意。

我曾与数百名女性交流过，她们中既有十几岁的少女，也有年纪较大的妇女，她们来自各个阶层、各个行业。通过与她们的对话，我明白了完美主义并不是简单的单一层面上的问题，而是一个由终生信念、期望和恐惧交织而成的复杂情结。我们对它的态度是混乱而不统一的。我们一直在培养它，又希望能摆脱它。它集严厉的主人、怀疑论者和批评家三者的特点于一身。我们每天早晨照镜子时，它就开始同我们打招呼，让我们保持清醒，反复思考我们的错误，直到我们晚上睡着。

有时完美主义告诉我们，除非你是完美的，否则其他人就不会接受、重视或爱你（心理学家称之为“社会规定完美主义”）；有时，我们又会觉得是自己在逼迫自己达到不可能达到的标准（这被称为“自我导向型完美主义”）。无论是哪种方式，完美主义总是絮絮叨叨地在我们耳边低语，不断提醒我们，让我们意识到自己让别人以及让自己失望的地方。

姑且不论对完美女孩的培养，即便你现在已经是一个聪明、理智的女性，也十分清楚追求完美是荒谬的，但是完美主义仍然左右着你的生活。为什么？因为无论我们意识到这一点与否，我们仍然相信一些过时的谬论，认为完美对我们来说十分有益。因此，是时候把这些顽固不化的荒诞说法抛到九霄云外了。

谬论1：外表优雅等于完美

从很小的时候起，大人们就教育我们，如果我们外表优雅，就能得到完美的工作、完美的男人和完美的生活。但是外表优雅并不等于完美，也不能保证幸福的结局。相信我，我深知这一点。

我们都有这样一种错觉，认为如果我们在外表、声音或行为上都很完美，那么我们其实并不完美的秘密就无人知晓。如果我们表现得完美无瑕，我们就无可指摘：没有人会说三道四，批评我们。因此，我们一心想粉饰自己的外表，隐藏所有见不得人的感受或缺陷。

在竞选国会议员初期，我内心忐忑，非常紧张，担心自己是否真的具备参政条件。我觉得自己需要成为一名各方面问题的专家，从伊拉克问题到路面坑洼不平问题——假如有人问我一个问题，我却回答不上来该怎么办？我年纪轻轻，又缺乏经验，这对我来说是一大劣势。人们是否会认为我不够聪明，无法胜任这份工作呢？从表面上看，我似乎坚强沉着，但内心却充满了焦虑和自我怀疑。

因此，我把注意力集中在我唯一能控制的事情上：我的竞选演说。哦，我的上帝，我一门心思全放在了那篇竞选演说上。我把它写了又写，改了又改，多达数十遍之多，甚至每个字都背下来了。我利用睡前、洗漱、赶地铁的时间观看了无数伟大演说家的演讲视频，并在脑海里一遍又一遍地排练。我当时认为，如果我的演讲完美无缺，我就会显得完美无瑕，也就不会招致批评者的抨击了。我认为完美的演讲就好像是一面盾牌，能让我控制别人对我的看法。现在看来，毫无疑问，我错了——从我的言语到我穿的鞋子，讨厌我的人仍然发现了许多可以讨厌的地方。直到数年以后我才明白，唯一能真正保护我的，是我内在的勇敢。

对我们很多人来说，外表就是我们的盔甲。如果我们的服装、发型、妆容、珠宝、鞋子和其他一切都很完美，我们就会觉得一切尽在掌握之中。我们以为自己有能力控制别人对我们的看法和反应，然而，这是一种错觉。一位身材娇小、金发碧眼的女企业家告诉我，每次在向潜在投资者宣传之前，她都会先找专业人员为自己做头发、化妆。她笑着说："似乎我哪个方面没有做好，他们就会不搭理我。"但事实上，我们根本无法真正掌控局面，无法控制别人对我们的看法，也无法控制当我们离开梳妆镜或者经过我们精心润色的笔记之后会发生什么。当然，无论你外表打扮得如何，都会有人来搭理你的。

谈论起女性和完美主义，就不得不提到我们用来折磨自己的最常见和最阴险的方式：减肥。平均而言，每位女性每年要花 127 个小时为自己的体重和摄入的热量而烦恼。在人的一生中，这种烦恼的时间加起来就是整整一年的时间。整整一年，我们都在为自己的体重和体形而郁闷。据估计，有 80% 到 89% 的女性对自己的体重不满意。全美有 1 000 万女性患有饮食失调症。更令人不安的是，美国国家饮食失调协会报告说，有 81% 的 10 岁女孩担心自己的体重超重。

我曾在纽约市组织了一次日程相当紧密的中心小组活动。几天后，我收到了一位名叫玛尔塔的参与者的电子邮件。玛尔塔在活动当晚一直静静地坐在地板上，没有发言。但在邮件中，她非常坦率地告诉我，这次经历对她来说非常“震撼”——这是她第一次参加这么温馨的聚会，大家可以畅所欲言，讨论完美主义和恐惧是如何束缚我们的。不过，坐在她对面沙发上的那些成功女士把她镇住了（她称之为“沙发上的女性”），于是她不敢发表自己的意见。我在回信中告诉玛尔塔，非常感谢她能主动联系我，因为我认为她在邮件中讲述的故事与我们很多人都有着千丝万缕的联系。

玛尔塔在很小的时候，就受到了来自母亲的压力——母亲要她保持完美的外表。在她来到这个世界上的32年里，她不化妆就无法出门。玛尔塔身材瘦削，十分漂亮，她的身材一直保持得很好。她告诉我说，上高中时，男孩子们经常对她说，她母亲很“性感”，这让她感到很不舒服，好像她永远也达不到母亲那么美。玛尔塔在邮件中写道：“我长得过于五大三粗，头发太卷了，鼻子也不够直挺。”

这些深深的不安全感驱使她在16岁时做了鼻子整形手术，也正是从那时起，她停止了打篮球，尽管她从小就喜欢这项运动。玛尔塔回忆说：“17岁那年，我试着把头发拉直，并为此大哭一场。18岁那年，我离家上了大学，开始像兄弟会中的男孩一样大吃大喝，结果体重一下子就长了10磅[①]。不久之后，我由于‘节食’又胖了10磅，因为我在节食的过程中，每天晚饭前都吃甜点。大一那一年，我越来越胖，此时我意识到，喝得酩酊大醉是让我忘记这一切最简单的方法，于是我开始喝酒。我就这样生活了几年，为自己的身体感到羞耻，感到绝望。”

玛尔塔告诉我，从她记事起，一想到要努力让自己看起来“完美”（锻炼身体、健康饮食、化妆），她就觉得很可悲，所以她干脆把这一切都放下了。她说：“我觉得，如果我不能做到完美，那么再努力也没用。”她又补充道，这么多年来，她对自己

① 1磅=0.453千克。——编者注

的身体和体重的认识有了很大的进步。但她也承认，那些童年时期留下的印象很难改变。她说："即便是现在，32 岁的我也必须有意识地提醒自己，我拥有的不仅是自己的身体。即使我胖得穿不下牛仔裤，我仍然有一份有意义的事业，还有我爱的朋友和家人，他们也爱我。我必须提醒自己这些事情。真是荒谬。"

可悲的是，"外表必须完美"所造成的压力绝对不是我们所能想象的。对男人来说，情况却并非如此。希拉里·克林顿曾经说过，在 2008 年总统竞选期间，巴拉克·奥巴马只要从床上爬起来穿上西装就行了，而她每次出现在公众前都要花好几个小时打理头发、化妆和着装。如果你是个女人，需要站在那种大舞台上（就此而言，我认为在任何场合对女人来说都是如此），你的外表必须没有任何瑕疵。

这样的例子不胜枚举。有一天，明星蕾哈娜被拍到穿着宽松的牛仔裤，结果一位体育栏目作家在博客上发表了一篇长文，描述了她"穿着相扑套装的样子"，并揣测她是否想"让肥胖成为新的流行趋势"。（值得庆幸的是，这篇文章引起的反响很大，他很快就被解雇了。）前不久，影星詹妮弗·安妮斯顿被拍到身穿比基尼在吃芝士汉堡，结果整个推特圈都在猜测她是在"增肥"还是怀孕了。

让这种不安全感火上浇油的是，现在我们不仅要看起来完美——拥有苗条的身材、洁白的牙齿、光彩照人的皮肤和光滑亮泽的头发——还要看上去丝毫不是刻意而为之。而且，成长似乎并不能让我们产生免疫能力，无法摆脱让女孩备受折磨的“天生完美”的压力。正如阿曼达·赫斯最近在《纽约时报》上发表的一篇文章所指出的那样，如今社会把克服外表自信危机的责任推给了女性，好像自信完全是自发形成的，根本不存在从各个方面强加给我们的不合理标准。赫斯写道：“现实是，人们对女性外表的期望值从未像现在这么高，哪怕承认这一点都已经成了禁忌。”

虽然我们大多数人不必担心自己的外表会遭到《美国周刊》中某些文章的严厉批评，但我们都以自己的方式感受着关于身体和美貌的压力。更重要的是，我们要认识到，我们把拥有漂亮的衣服、无瑕的肌肤、性感的身材与表现完美紧密地联系在一起是十分错误的。我们还要认识到，外表带给我们的控制感是十分虚假和短暂的。

一个名叫伊芙琳的女子给我讲了一个故事，说她必须在女儿的婚礼上与自己的前夫和他年轻貌美的新婚妻子见面。她对此感到非常困扰，花了 3 个月的时间来“美化”自己。为了减去 10 磅体重，她严格控制饮食；她染了头发，试穿了无数衣服和鞋子，直到找到完美的搭配。到了婚礼那天，她看起来光彩夺目，但她仍然感到悲伤、嫉妒，无法摆脱那些负面情绪。伊芙琳对我说：“别误会我的意思，我当时感觉自己像个百万富翁，这虽然缓解了我的情绪，但不能最终解决问题——甚至一点儿作用也没有。”

当然，我并不是说在参加活动或会议时我们都应该素面朝天、率性而为，表现得毫不在乎。外表确实很重要，至少在一定程度上能给人留下美好的印象。话虽如此，但是举止得体和为了看起来“完美”而折磨自己之间有很大区别。如果漂亮的外表能增强你的自信，那就放手去做！漂亮本应当是一种快乐的自我表现形式，我完全认同这一点，比如醒目的红色唇膏能让我感觉自信满满。当我们开始沉迷于完美并紧抓不放，把它当作保护伞的时候，我们应该清醒地认识到，自己已经陷入了不健康的境地。

谬论 2：只有当一切都完美，我才会幸福

我曾经读到过这样的内容：一个人若想要快乐，那么他所需要的金钱的数量总要比他当前拥有的多 10%。对于我们如何追逐难以捉摸的完美“胡萝卜”，这似乎是一个很好的类比。

人们的想法大致是这样的：“如果我找对了方向，找到了合适的工作，找到了合适的伴侣，一切都会有条不紊，我就会很幸福。”我自己也成了这种错误逻辑的牺牲品。小时候，我经常想，如果我能像姐姐那样每周健身 5 次，拥有“理想的”苗条身材，然后上常春藤盟校，那我就能遇到属于自己的完美男人。他会爱我的灵魂，无条件地支持我，我们将有三个完美的孩子，我将成

为美国总统。我以为我可以按照自己的梦想来规划未来，但前提是，我需要尽可能完全按照剧本来生活。事实上，有这种偏见的远不止我一个人。

为了实现“完美”的理想，我们会每天完成1万步的锻炼步数，每周锻炼7次，戒除饮食中的碳水化合物。我们会阅读无数关于如何事业有成、如何平衡工作与生活、如何吸引理想伴侣的文章、博客和书籍。我们追求的是社会中人人都说我们“有很适合的热门工作或角色，养育2~5个孩子，买下完美的房子，得到所有想要的东西”的这种状态。

然而，我们幸福吗?

数据给出的答案是否定的。根据美国国家心理健康研究所的数据，有1/4的女性在一生中会经历严重的抑郁症。宾夕法尼亚大学学者于2009年进行了一项影响深远的研究，名为“女性幸福指数下降的悖论”（怎么叫了这么个名字呢）。研究表明，尽管在过去35年间，女性生活得到了改善，她们的工作机会增加了，工资更高了，并且在技术进步的帮助下摆脱了繁重的家务劳动，但她们的幸福指数却下降了。我们本应该更幸福才对，但我们并没有。

在追求完美时，我们可能会得到我们不想要的工作、人际关系和生活。我们认为，符合所有的必要条件肯定会让我们感到幸福和满足。但当我们最终完成最后一项任务时，心中却会想：

“噢，可恶……为什么我没感到幸福呢？”

冬妮娅是一个很有天赋的插画家，她的作品非常赚钱。20多年来，她一直被认为是业内最好的画家之一，并因此获得了几个著名的奖项。她的事业为她赢得了广泛赞誉，当然也带来了丰厚的回报，但是唯一不能带给她的，就是快乐。

冬妮娅并不讨厌自己的工作，对此她的观点非常明确。但她也不喜欢这份工作，早在几年前，她对这份工作的激情就熄灭了，现在只是做做样子而已。她积蓄了一大笔钱，所以钱不是什么主要问题。当我问她为什么不停止这份工作，尝试其他能让她兴奋的事情时，她只是长长地叹了口气。

我理解那声叹息。想当年，我曾经是一家高级律师事务所的后起之秀，赢得了许多赞誉和丰厚的薪水，但当时我也时常叹息，并无时无刻不在憎恨这份工作。我听到许多其他女性也这样叹息过，因为她们觉得自己被自己“成功”的角色困住了。我知道，说被我们擅长的事情困住听起来很可笑，因为这属于“第一世界”的问题，无病呻吟，对吧？但是所有的问题都需要我们勇敢面对——如果必须解决它们的话。

幸福的标志之一就是与他人保持密切而有意义的联结，但是表面上拥有一切的假象会让我们更感觉孤立，因为我们无法与他人建立起真正的、诚实的、深刻的联结——在这种联结中，我们可以完全做回我们自己，感觉自己被他人完全接受。

这并不是说我们的工作、人际关系或生活在客观上有什么问题——除非它们不是我们自己选择的，除非它们反映的是别人认为我们应该追求的一切，而不是我们自己的喜好。如果我们一生都在追逐别人的梦想（不管我们是否真正意识到自己在做什么）、在意别人的想法，或者遵循既定模式，认为我们的生活“应该”是什么样子的，那么我们自己的愿望和目标就会模糊不清。这就好比是驾驶一辆带有导航系统的汽车，同时发出几十条不同的指令：右转，左转，掉头……最终你自己的方向感也就完全丧失了。

我们会选择符合条件的伴侣，即使我们不是真心相爱或感觉不到幸福。（虽然这只是我的猜测，但我认为，在过去的 20 年里，已婚女性承认自己有外遇的比例上升了 40% 并非巧合。）我们住进理想的房子，过着理想的生活——无论我们理想的样子是什么——然后感到失望，觉得一切都是被迫的，都是不自然的。即使是和最亲近的人在一起，我们也觉得需要把丑陋、凌乱、真实的一面藏在光鲜的外表背后。然后，我们想知道我们的关系为什么让人觉得虚伪。我们追求所爱之人鼓励我们去争取的机会或学位，相信这是通往幸福的门票。或者，就像我遇到的许多女性一样，我们在自己并不喜欢的职业上停留太久，只是因为我们擅长于此。甚至当我们清醒过来，意识到我们的职业、人际关系或生活并非我们所希望的那样的时候，一想到要进行改变就会让我们感到恐惧。这一方面是因为我们把改变视作失败的表现，另一方面是因为这意味着我们可能需要走出我们的舒适区，一切重新开始。

在大学里做演讲时，我经常讲述自己是如何花了这么多年时间在公司里一步步向上发展的，却从未怀疑过这是不是我真正想要的。有一次，在哈佛大学演讲结束之后，正要上出租车时，一位有色人种的年轻女士向我跑过来说道："您刚才在演讲中所说的一切都是在说我。"她告诉我，她过去尽力所做的一切都是为了获得目前正攻读的早期教育博士学位，但她从来没有问过自己这样做是否会让她幸福。她现在意识到，这根本不是她想做的，她之所以读博，只是因为大家希望她获得另一个学历证书。

辛迪是个非常漂亮的女人，简直就像从健身杂志上走下来的美女一样。她告诉我，她得到了自己一直想要的完美身材，但仍感到空虚，一点儿也不快乐。她的婚姻也不美满，处于青春期的儿子的心理问题也没有得到任何控制。这一切让我们感到，即使你做到完美无缺，情况也没有多大的改变。你的生活没有什么激情，你没有奖杯，也没有幸福感——有的只是一种模糊的不满足感以及对生活的怀疑。

长期的教育让我们以为，只要我们在生活的方方面面都做到完美，就一定会获得内心的满足。我们根本不清楚这种观念在我们身上是多么根深蒂固。如果我们能意识到：也许"完美的生活”并不是真的完美，那么这种思想将对我们产生巨大的影响。

谬论 3：如果我不完美，一切都会一塌糊涂

当完美成为一种理想时，那么瑕疵就是不能被容忍的。犯了多少错误并不重要，重要的是我们对错误的认知。在完美主义者的心目中，犯错表明这个人存在缺陷，从而导致他的内心马上产生巨大落差：“这不是因为我在会议上瞎扯一通，而是我担心从此以后我的同事们会认为我很愚蠢；这不是因为我忘了把班级旅行的请假条及时上交，而是我担心孩子的老师（或者我的孩子）会认为我是个差劲的家长；这不是因为我的约会对象会为我在最后一分钟取消约会而感到失望，而是我担心从此以后他再也不会约我出去了，我将孤独终老。”

莉莉是一位公关助理。她整个周末都处于恐慌之中，因为她没有及时回复一封电子邮件，而且她坚信，老板发现之后一定会很生气。莉莉说：“星期六我和一个女朋友去吃午饭，心中一直在想：‘也许我应该放弃工作，去攻读硕士学位……’。我非常害怕自己会被炒鱿鱼，所以周一早上 7 点就来到单位，把工作安排得井然有序，这样就不会受到指责了。”

我最近看到了奥本大学一位教授做的一项研究，该研究发现，在家庭和工作贡献方面，认为自己符合标准的女性比男性要少。一位专家在评论这项研究时补充说，女性在平衡工作和家庭

生活时会感到非常内疚。我无意在此有任何冒犯，但当我读到这些令人震惊的信息时，我的第一反应是："这都哪跟哪啊！什么乱七八糟的！"

完美地完成每件事的压力在职场妈妈身上表现得最为深刻。严格说来，即便女性有 50 个配偶或生活伴侣，知道孩子尿布包里有什么东西的也通常是我们女人，记得拿起橡皮奶嘴的也是我们女人，在快捷拨号上有保姆电话号码的还是我们女人。我们都深切认同这一观念——表现得有一丁点儿不完美的母亲就等同于一个不称职的母亲。

由于工作方面的原因，我经常出差，因而常常因为和孩子分开的时间太长而感到无尽的压力和愧疚。所以我不断地修改日程安排，尽量减少无法陪伴孩子的时间。只要在家，我都会在早上 5 点起床去健身房，这样就可以在儿子起床之前锻炼完毕，等他吃早餐的时候就可以和他坐在一起，帮他穿好衣服去上学。我丈夫是一个称职的父亲，但他没有那种内疚感。如果早上他要开会，而我又不在家，他就会让保姆做早餐，带孩子上学。就连我们家的斗牛犬斯坦也让我感到身为人母的内疚：它早上 7 点起床就嚎叫着要出门，我一般会如它所愿，尽管我知道我不在家的时候，它会自在地打盹儿，消磨时光，直到早上 10 点钟。而这期间，我丈夫尼哈尔则会慢条斯理地沐浴、刮脸、更衣。

女性会把所有属于"自己的"时间留给我们的伴侣和孩子。

但说句实在话，我们这样做通常是咎由自取。我们的伴侣能否给孩子换尿布、做早餐，和保姆一起安排日常生活呢？绝对可以。他们会按照我们希望的方式去做吗？可能不会。但如果我们认为他们做不到百分之百正确，我们就认为必须亲自上马才行。

美国家庭与工作研究所设计的一项全国性调查显示，女性面对的大部分时间压力都是自己施加在自己身上的，因为她们不善于分派任务或放手让别人去做。一些人认为，女性之所以承担更多的育儿任务，是因为她们天性如此。但我们在这里所谈论的有多少是真正天生的育儿本领？一想到育儿，我想到的就是照顾儿子的身体和情感健康：当他发高烧时照顾他，当他最喜欢的毛绒玩具不见时安慰他。是现代人坚持“女人要做完美妈妈”的思想，或者像女权主义社会学家莎朗·海耶斯所说的“强度母职思想”，而不是育儿本能告诉我，我必须准备好孩子在学校所需要的一切（而且是最好的），必须让孩子吃有机食品，必须在他长到 21 个月大之前教会他字母表，因为我们（好吧，实际上就是我）偶然得知，两岁孩子会认字母表是天才的表现。

大多数父亲并没有感受到同样的压力。如果他们没有处理好养育孩子的细节，他们不会像孩子妈妈那样感到深深的内疚，因为父亲们从一开始就没有追求完美的目标。每次看到 Pedigree Dentastix 品牌的狗狗口腔护理广告时，我都忍俊不禁。广告中，一位年轻的父亲在照看他那脏兮兮的蹒跚学步的孩子在高高的椅子上吃东西。最后，孩子满脸都是食物，于是爸爸跑出房间去拿湿毛巾，想给孩子擦干净。当他回来时，发现家里的狗狗已经把宝宝的脸舔干净了。这位爸爸愣住了，想了一下，然后耸了耸肩，高兴地说道："这样也行！"

你能想象那种做法让人感觉多么自由吗？

暂且把狗狗用口水给孩子洗脸的画面搁置一边，我想强调的是，放弃对完美的期望并不等同于自己是不称职的父母或要降低自己的标准。我们需要改变的根本不是这些标准，而是我们对达到或达不到这些标准的想法。想要给你的孩子吃健康食品的想法是很好的，但同时，如果偶尔给他吃些冷冻鸡块，他也不会因为营养不良而病倒；严谨守时是为人父母的良好习惯，话虽这么说，倘若你在拼车去托儿所接孩子时被一辆垃圾车挡住道路，导致你迟到了一会儿，这也不会对孩子造成永久性的心理伤害。

处理好这一切并不需要完美，而是需要勇敢，需要你勇敢地放手，大胆地让别人去做。我们的目标是100%，但如果做到了90%，那也是可以接受的。犯错不要紧，坦然承认错误就可以了。当你脑海里有个声音告诉你要为工作和家庭牺牲一切时（还有你的朋友，他每周会给你打6次电话，咨询恋爱问题……还有你孩子的家长教师联谊会……还有你的邻居，他请你在他出差时帮他遛狗……），你需要勇敢地对自己负责，拒绝不合理的要求，给自己一个喘息的机会，拒绝让内疚主宰你的日常生活，你要给孩子们树立一个“爱自己”的榜样，让他们看到，犯错也没什么大不了的。

让我们的完美女孩脱胎换骨，成为焕然一新的勇敢女人是需要勇气的，但这是值得的。

谬论 4：完美让我更优秀

人们经常说：我们希望做到完美，因为我们标准很高，意在追求卓越。这样说有什么错呢？但是我们在培养完美女孩的过程中却把这里的水搅浑了。事实上，即使不完美，我们也可以变得卓越，完美与卓越不是一回事。

卓越与完美之间的区别就像爱与狂热之间的区别：一个是无拘无束的自由情感，另一个是一种不健康的情感。完美是一个要么十全十美、要么一无是处的游戏：要么成功，要么失败，就是这样。其中没有微不足道的胜利，也没有努力一说。如果你是一个追求完美的人，但却没有哪件事做到完美，那你就等于一无是处。

相反，在追求卓越时，你不会让失败击垮自己，因为这不是一场非赢即输的游戏。卓越是一种存在方式，而不是你达到或错过的目标。它让你为自己付出的努力而自豪，不管结果如何。我将是第一个告诉你这一点的人：拥有较高的个人标准相当了不起。你确实应该做好充分准备，努力在面试、会议、活动、演讲、游戏或项目中做到最好——无论是在生活中还是在工作中。持有渴望卓越甚至永远赢的积极态度并没有错，但问题是，你不应该设立不可能实现的目标和期望，也不能因为没有得到理想的结果就把自己一棍子打死。

当你觉得生活中的一切都不够理想的时候，你就要清楚你已经从追求卓越跨越到了追求完美。此时最明显的表现就是，你不知道什么时候该为自己庆祝。对于这一点，我也需要提醒自己注意。人们可能会说："哇，你太棒了，你已经取得了很大的成就！"这时，我脑海里马上会出现一个刺耳的声音说道："这没什么了不起的！"这是完美主义的"幽灵"在说话，它从我的人生体验中攫取了所有的快乐。但是，如果你追求的是卓越而不是完美，那你就会为自己取得的成就而感到骄傲。如今，每当我完成某件事情的时候，都会花点儿时间庆祝一番。我会把自己喜欢的女歌手碧昂丝的歌曲音量调得很高，然后在客厅里翩翩起舞；我会从自己最喜欢的面包店买一块美味可口的巧克力曲奇；我甚至会在推特上给自己发一条小小的庆祝状态。

事实上，追求完美真的会毁了一件好事，它让我们看不到我们做得正确的任何事情，而是要求我们把注意力集中在一件并非100% 完美的事情上。例如，我的 TED 演讲已经有超过 400 万次的浏览量，很多女性给我发来了电子邮件，说我的演讲深深打动了她们,《财富》杂志甚至称这是 2016 年最鼓舞人心的演讲之一。

但你知道我从中看到的是什么吗？我看到的是过度卷曲的头发和看起来夸张的妆容。我在演讲中影响了数百万女性的生活，但我现在所想到的却是："为什么没有人告诉我，我看起来像是去夜店，而不是登上舞台在数百万人面前发表演讲呢？"

我的朋友蒂芙尼·杜夫出版了她那本杰作《自我进化》（*Drop the Ball*）之后，好评如潮。格洛丽亚·斯泰纳姆称赞这本书"意义重大、勇于创新、深入人心、胆识过人"。但是，蒂芙尼没有沉浸在这令人难以置信的赞美声中，而是专注于亚马逊书店的一些负面评论（尽管正面评论的数量远远超过负面评论）。她说："每当有人发表批评意见的时候，我都觉得自己的世界要崩溃了。"这是完美主义剥夺我们对卓越的自豪感的又一例子。

在求职面试中称自己为"完美主义者"已经是老生常谈了，人们认为这样说意味着求职者具备崇高的职业道德，非常关注细节。但具有讽刺意味的是，完美主义实际上阻碍了我们变得卓越，因为它使我们思考得太多，修改得太多，分析得太多：这表明需要完善的地方太多，我们做得远远不够。

你可能会想，当然，某些工作中的不完美是可以接受的，但我们都希望我们信赖的专业人士（比如医生或律师）是完美主义者，对不对？但研究证明，这种想法是完全错误的。例如，2010年，对1200名大学教授进行的一项研究发现，那些追求完美的人发表论文或作品被引用的可能性更小。心理学家托马斯·格林斯潘在《纽约》杂志的一篇文章中解释说，研究证实，在任何特定领域，最成功的人都不太可能追求完美，因为害怕犯错的焦虑会成为他们前进的绊脚石。他说：“等待外科医生 100% 正确的决定可能会让我失血过多而死。”

谬论 5：我不能失败

如果我们不能失败，那么我们也不能冒险。这就是“完美”扼杀“勇敢”的方式。

我们十分害怕失败，担心自己尝试舒适区之外的事物一旦失败，就会显得很愚蠢，被永远打上失败的烙印。我们害怕这将证明我们永远无法满足自己或他人的期望，最终将蒙受耻辱、羞耻，在情感和事业上遭受重创。万一失败让我们崩溃，导致我们无法重新振作起来怎么办？

当我在国会竞选中失利时，我以为自己完蛋了，想成为国会议员的梦想已经破灭了，便从此一蹶不振。第二天早上，我在酒店房间里醒来时，感到内心十分痛苦，因为我的员工（过于乐观）已经用气球装饰好房间准备进行庆祝了，祝贺的字条贴得到处都是。我让所有付出努力支持我的人失望了，其中包括支持我的选民、我的朋友和我的家人。作为一名候选人，我确信自己的职业生涯已经毁了；作为一个人，我觉得自己完全是废物一个。

我花了几个月的时间疗伤，慢慢地重新抬起头来。行动起来之后，我发现了一个新的梦想，它让我能够有所作为，并以我现在所能看到的方式做出改变。我总以为自己的事业在“国会山”上，但后来我发现，如果试图有所创新，有所建树，我可以发起一场“女孩程序员运动”，这些编程女孩长大后将解决整个国家和整个世界所面临的最紧迫的问题。事实上，如果我没有经历过失败，我就永远不会明白这个道理；如果我从未竞选过公职，我就不会在竞选过程中参观教室，就不会看到学校里的性别差异，也无法发现我们的教育方式让我们埋没的人才。我就永远不会产生创建“编程女孩”这个机构的想法，也就永远没有机会帮助全美成千上万的女孩相信——她们可以做任何事情，也不会让更多女孩拥有坚如磐石的信念：“我能做任何事！”

在创业领域，失败被认为是创新的必要组成部分，“创业初期常失败”的创业心态开始被人们接受。如今，我们在教育和商业领域看到大量为失败正名的做法，我很喜欢这种做法。例如，史密斯学院最近推出了一个名为“失败没关系”的活动，教导成绩优异的学生如何应对甚至拥抱挫折。斯坦福大学、哈佛大学、宾夕法尼亚大学等高校也纷纷效仿，推出了类似的活动。在总部位于纽约的媒体初创公司 theSkimm，创始人丹妮尔·韦斯伯格和卡莉·扎金举办了一种名为“惨痛失败”的仪式，她们会在员工会议上发给在当周尝试新事物但失败的人一顶安全帽，让他们自豪地戴着这顶安全帽分享自己失败的故事。

我在这里想告诉你的是，我们可以失败。我不仅在竞选美国国会议员时失败了，而且2013年在竞选纽约市公共利益倡导职员时，我也失败了。上个月我又失败了，因为我忘记了侄女的生日。今天早上我再次失败了，因为在给儿子换尿布时，他却尿到了我身上。通过失败的经历，我学会了接受不完美，也不再恐惧了。我明白，我宁愿“陷入困境也要尝试”，决不放弃。

谬论6：只有完美才能让我获得更高职位

遗憾的是，大多数女性仍然需要在工作中加倍努力才能获得与男性同等的尊重。大多数女性都认为，要想成功，我们不仅需要优秀，还需要完美。

但这里的问题是，完美并不能让我们成功。事实上，它对我们的危害比我们意识到的还要大。

LeanIn.org网站和麦肯锡公司在2015年发布的一项研究显示，女性之所以不愿担任高级领导职务，并不是因为家庭责任，而是因为她们不想承担随之而来的压力。正如《华尔街日报》在一份研究总结中所报道的那样：“在通往高层职位的道路上，女性承受着更大的压力。”我相信这是真的，但我认为，这种不成比例的压力，部分是因为女性认为她们需要把工作做到完美。

想想看，由于害怕被拒绝或失败，我们放弃了多少次升职的机会呢？有多少次，当我们请求放弃一项任务或晋升机会时，我们会说“我不擅长做那件事”？毫无疑问，玻璃天花板（限制女性升任高职的无形障碍）和双重约束是限制女性晋升的因素，但我认为，我们培养完美女孩的方式也是导致女性在企业界、政府和其他部门的领导职位上没有得到充分表现的一个重要原因。女性之所以不竞选公职，是因为她们认为自己的表现不如男性，尽管研究证明，事实并非如此。这其中的障碍不是能力问题，而是女性害怕暴露不完美的自我，或者是认为自己不具备理想的领导技能。

我和法律界、金融界以及当前科技行业中的很多男性共事过，他们似乎都有一个共同的特点，那就是愿意接受挑战——无论他们是否准备得充分。如果我在“编程女孩”的团队中提问，谁想担任先锋，引领新的商业机会，毫无疑问，在座的男士们会立即站出来——即使他们中有些人以前从未在这个领域做过任何事情。比如有一次，我的财务副总裁主动要求接管人力资源部，尽管他之前没有任何人力资源方面的经验，而我们机构又希望在下一年增员 300%。然而，如果我要求某个女性雇员在一个陌生领域担任重要项目的负责人，她往往会怀疑自己是否能胜任这一领导职位，或者要求考虑一晚上再答复我（大多数情况下，我得到的答复是拒绝）。

我见过无数男性在创业时根本不在乎自己是否受过相关的培训或是否具备相关的专业知识。推特公司的联合创始人之一杰克·多尔西之所以创办了 Square（移动支付公司），是因为他想找到一种更便捷的支付方法，而不是因为他对移动支付有多么了解。他没有创建金融服务公司的经验，但这并没有阻碍他前进的脚步。3 个 20 多岁的理工男之所以创建了酷炫而成功的美容产品应用程序 Hush，是因为他们意识到（几乎是偶然地发现），化妆品是他们那个主营廉价商品的网站上最畅销的产品。他们没有推诿说“我们是男人……我们对化妆一无所知”，而是立刻行动起来，组建团队（其中 60% 的员工都是女性），然后带领他们朝着正确的方向发展。

这和蒂娜形成了鲜明的对比。蒂娜聪明能干，是名理发师，她一直想开一家自己的美容院，但因为不知道如何建网站或开公司，所以她只好听天由命地待在原地，一筹莫展。这其中很大原因与我们女孩小时候接受的有关“天生完美”的教育有关。正如雷切尔·西蒙斯所指出的，当你认为你应该让一切看起来很简单，假装自己本来就掌握了所有技能的时候，你就失去了一项非常重要的能力：承认自己需要帮助。蒂娜没有就她的想法寻求帮助，而是说服自己选择放弃。事实上，大多数女性都是这样做的。

追求完美的理想也会直接影响到我们的收入。关于男性和女性之间为什么一直存在着工资差距，已经有过很多讨论。女性面临的性别与结构性歧视是否是不可跨越的障碍？女性只能选择薪资较低的行业吗？还是因为我们给自己施加了压力，一定要把工作做得完美，所以才放弃了高薪的机会？女性之所以在工资方面不占优势，还有一个谈判因素需要考虑：当你担心自己会显得咄咄逼人时，就很难再要求更多了。

这种恐惧潜伏在大多数女性身上，无论她们多么成功或强大。奥斯卡影后詹妮弗·劳伦斯发现自己在《美国骗局》这部卖座大片中的片酬明显低于其他男演员时，她责怪自己没有争取到应得的片酬，因为当时她太在意别人会如何看待自己。詹妮弗在女权主义时事通讯《莱尼》中写道："如果我矢口否认是自己想要讨人喜欢的想法影响了我的决定，没有努力争取一下就达成了协议，那我就是在撒谎。我不想让人觉得我'很难相处'或者'被宠坏了'。当时，这似乎是个不错的想法，但等我在网上看到片酬之后，才意识到和我一起工作的所有男人丝毫也不担心会让人觉得'很难相处'或者'被宠坏了'。"这就是我们需要培养勇气、大胆提出自己的要求、赢得我们应得的薪酬的原因。

除了犯错之外，"完美女孩 3.0"唯一不能容忍的就是得到负面反馈。诺拉在一家旅馆的前台工作，每个季度公司都会进行业绩评估。即使她得到的评价 90% 都是正面的，她也会把老板说需要改进的那 10% 无限放大。尽管这样做是为了让她知道如何以及何时能更好地为酒店客人服务，但她听到的都是她如何把事情搞砸了、如何让老板失望了。她说："我对此早有准备，但内心依然感到绝望，它会一连折磨我好几天。"

老板会这样要求她："站姿要笔直……头发要梳好……说话要清楚。"但是等一下，如果我们在年幼的时候就已经习惯了这种挑剔的命令，那为什么当我们在以后的生活中得到不积极的反馈时就会崩溃呢？为什么那些如出一辙的批评没有转化为勇气呢？这很可能是因为我们在听到这种反馈时年龄太小，听到的只是批评的声音。当慈爱的父母教育我们注意行为举止的时候，我们并没有将其视为积极的建设性建议，而是视为一种批评。因此，长大之后，我们自然会把自己遇到的最不起眼的批评视为对我们的指责。

这种无法容忍负面反馈的态度阻碍了我们的事业发展，因为它阻止我们接受那些实际上可以帮助我们进步的建设性意见。不止一位男性对我说过，他们尽量避免批评女同事，因为他们害怕这会"让她们掉眼泪"——不管这种批评反馈对项目结果或最终情况多么有帮助。不幸的是，很多时候，这些男性是对的。如果这还不算是"完美"妨碍女性变得卓越的写照，那么我不知道什么才算是。

其实我们女性很聪明，我们十分清楚"完美"在所有这些方面以及更多方面阻碍着我们的发展。同样，我们也很明智，十分清楚，仅仅意识到这些谬论并不意味着我们接受了几十年的教育会在一夜之间消失。如果读一本书就能神奇般地摆脱完美主义的枷锁，那固然很棒，但事实并非如此。打破束缚的真正关键是要重新训练自己，勇敢地拥抱生活。你将在本书第三部分学会如何去做。到那时，也只有到那时，“完美女孩 3.0”才会淡出人们的视线，大胆自信的女性才会不断涌现出来。

关于完美的真相

除却所有关于完美的谬论之外，还有一个基本的事实：

完美是无趣的。

我们把“完美”视作终极目标，其中没有错误，没有缺点，没有粗糙低劣。但现实是，正是那些凌乱的、不够完美的粗糙事物让我们变得有趣，让我们的生活变得丰富多彩。接受我们的不完美会为我们带来快乐。另外，如果你已经很完美了，那么学习和奋斗的乐趣又何在呢？我一直很喜欢奥巴马总统打篮球的故事。他并不擅长篮球，技术一般。但他喜欢篮球，所以一直不断练习，后来他大有长进，既能投篮进筐，也能接受自己的失误。锻炼大脑中的新部位让他感到满足，而这种品质正是使他成为一位卓越领导者的原因之一。

我所认识的最有趣的那些人都有缺点和怪癖，这让他们特别令人着迷。我的朋友娜塔莉总是迟到——但每次她能都滔滔不绝地讲述一个动听的故事，告诉我们她刚才到哪里去了；每次达鲁克来纽约和我们住在一起的时候，他都会把我们的公寓弄得一团糟，但他是我见过的最有创意的人之一；阿迪塔绝对属于那种口无遮拦的人，想到什么就说什么。她的话有时可能让人感到不舒服，但她通常批评得很到位，对我也很有帮助；至于我本人，我知道自己喜欢追求正确，对此也有点儿（好吧，很多）强势，但正是这个缺点让我成了一个坚决的理想捍卫者。

仔细想想，得到“完美”是那样的空虚，追求完美这件事本身就是可笑的。

相反，勇敢是一种追求，它会补充“完美”曾一度威胁要从你生活中夺走的一切：真正的快乐；真正的成就感；让你心生恐惧、缺乏面对恐惧的勇气；接受新的冒险和机会；接受所有的错误、失礼、失误和缺点，让你变得更有趣，让你成为自己生活的主人。

第二部分

勇敢打破“完美”神话

第 4 章

重新定义勇敢：做真实的自己

我在写这本书的时候，全美正在上演一场有关女性和勇气的轰轰烈烈的运动。当然，这一切始于 2017 年秋，当时，我们亲眼看见女性的勇敢是多么令人敬畏。

《纽约时报》刊登了一篇文章，披露了好莱坞大亨哈维·韦恩斯坦长达数十年的性骚扰丑闻，随之引出了大量的个人故事。当时给我的感觉就是，每天我的手机上都会收到突发性的“爆炸性”新闻，内容大都关于娱乐圈、体育界、学术界、传媒界或政界又一位显赫人物利用自己的地位骚扰、伤害和恐吓女性，让她们保持沉默。起初形势发展很慢，但不久，大量女性迅速加入到“我也是（受害者）（Me Too）”这一轰轰烈烈的反性骚扰运动中来，一洗多年的耻辱。她们从恐惧的背后走了出来，高声宣布：“这种情况不能再继续下去。不能再继续让我们保持沉默，不能再装得若无其事，不要再拿我们的自我价值做交易，也不能因为‘这就是生活’就再次接受那些高高在上的混话和辱骂。”这场运动的结果具有历史意义，因为这些混蛋男人以前不可企及的事业和名誉瞬间化为灰烬。

“Me Too”运动给无数女性带来了福音，它也告诉世人：当女性团结起来、选择勇敢时，会产生什么样的结果。但同时，它也给了我们一种不同的方式来谈论勇敢：为什么勇敢很重要？谁拥有它（也许每个人都有吧）？最重要的是，我们如何定义勇敢？

在写这本书的时候，我们还不知道这场运动是否会对不平衡的权力格局带来我们迫切需要的那种长期的、系统性的改变。但我们现在看到的趋势给了我真正的希望。我自豪地看着塞雷娜·威廉姆斯打破了这项运动的潜规则，敢于在美国公开赛中采取一种情绪化的、带有挑衅性质的姿态，对抗外界对她明显的偏见，努力为自己正名，替所有女网球运动员发声。我敬畏地坐在电视机前，看着有些紧张但内心坚定的克里斯汀·布莱西·福特医生在参议院作证，控告最高法院法官布雷特·卡瓦诺对自己的性侵。这就是女性改变世界的方式：我们每次发出一种勇敢的声音。

今天，我们看到越来越多的女性在很多方面都表现得很勇敢，包括敢于挑战根深蒂固的刻板印象、大声疾呼反对不公正、打破玻璃天花板等。现在是重新定义勇敢的时候了——我们应该将其定义成任何人以及所有人都可以获得的一种品质，无论其性别或生理状况如何。

只有男人才能勇敢吗？

先剧透一下：不是！

我在 TED 演讲中谈到勇敢时，得到了多方回应。其中最令人难忘的回应之一来自一个男人，他在一个名为“致命武器”的网站（该网站的口号是：性、软件、政治和枪支，以及生活纯粹是为了享乐……）发表了一条评论，他认为女人之所以不够勇敢是因为我们的卵巢。是的，你没看错：我们的卵巢。

他声称，女性天生比较谨慎和胆小，这是进化使然。根据他的说法：“女性一生中排卵次数有限，在祖先适应环境的过程中，怀孕具有极高的死亡风险。与此形成对比的是，对于男性而言，精子的供应量实际上是无限的——任何一个男性个体对人类群体繁衍成功的影响，都远没有任何一个女性个体重要。我们不妨运用博弈论研究一下这个问题。如果女性不是本能地比男性更倾向规避风险，那才见鬼了呢。”

好吧，这位先生，请你听仔细了：在决定自己多么勇敢这件事上，我的卵巢没有发言权。他的推理可能听起来很有逻辑，可能会得到他的男性狐朋狗友们的点头赞同，但他的理论实际上错得离谱。但可悲的是，这种观点司空见惯，我们需要马上立刻赶紧扭转大众的错误思维。

勇敢不是与生俱来的。从生物学上讲，男性并非天生注定更勇敢，睾丸激素也不是通往勇敢的万能门票。遗憾的是，这种“男性天生就更勇敢的观点”已多次以不同形式出现过。我敢肯定你曾听过很多类似的说法：在冒险方面，男女大脑的构造是不同的。男性更勇敢，因为他们有更多的睾丸激素，或者是因为他们的祖先能用他们的勇猛吸引生殖伴侣。我认为这全是一派胡言。

进化论的观点本质上可以归结为繁殖即成功，或适者生存。但是，这种认为“男性天生勇敢是能够让物种延续下去的一种特征”的理论也需要更新。时至今日，那种“我是泰山你是简简”的观点——那种认为高大魁梧的穴居男人应该勇敢地外出猎杀巨大的乳齿象，而他赤脚怀孕的妻子则应该安全地待在洞穴中养儿育女、照看火堆的想法——可以毫不夸张地说已经过时了。这种发展可能需要数百万年的时间，但进化到今天，女性的工作范围已经超越了昔日的范畴，不再局限于采集浆果、烤馅饼、混合干马提尼酒或者充当讨人喜欢的花瓶。

在今天，勇敢远远不只是生理上的勇猛。我们身边有无数例子，其中的女性在众多方面都表现得非常勇敢：从揭露政府腐败机密信息的变性士兵切尔西·曼宁，到勇敢支持职场妈妈的权利、在议会大厅公开给女儿哺乳的澳大利亚参议员拉里萨·沃特斯，再到成百上千冒着毁掉生活、毁灭声誉的风险，揭发位高权重的男人性侵行为的女性，我们已经积累了大量的证据，证明勇敢的范围和定义已经发生了巨大的变化。

所有这些改变对我们女性来说都是好消息，虽然我们无法改变生理结构，但我们肯定可以改变我们的环境——或者至少可以改变我们对环境的反应。就像我们曾经学着成为完美女孩那样，我们也要教会自己如何成为勇敢的女人。

重新认识勇敢

2013 年，我经历了两件人生大事：输掉了公共议政员的竞选，几个月后又遭遇了第三次流产。当时我的生活一团糟，所有的坏事都发生在我身上，我觉得自己对这一切都无能为力。

不久之后，我丈夫拉着我去新西兰参加我们的朋友尤恩的婚礼。尤恩是个有点儿冒险精神的家伙，所以整个行程都在为让他的婚礼派对显得有些冒险色彩而服务，其中安排的活动之一是蹦极。现在问题来了：我这个人恐高。一站在建筑物的顶部我就想呕吐。所以你就能理解为什么我坚决不想只在脚踝上绑一条松紧带就从桥上跳下去了。但与此同时，我觉得自己的生活反正已经失去了控制，如果抛开恐高、抛开一切，也许能让我摆脱挥之不去的沮丧和悲伤。

所以我跳了下去。是的，我和我的丈夫一起跳了下去。我一直紧闭双眼，向我知道的每一位印度神灵祈祷。但不管怎么说，我还是跳了下去。蹦极的经历很恐怖，但如果我说在空中飞行并不刺激也不自由，那就是在说谎。那次旅行之后，我回到美国，重新开始我的事业，并再次尝试要一个孩子——结果，这两件事的结果都出乎意料的好。

这些行为中哪一项最勇敢？如果按照传统（又名“男性”）对勇敢的定义，你可能会说蹦极最勇敢。但真正的勇敢不仅仅是做一个胆大妄为之人。我认为这三种选择——蹦极、在失败蒙羞后重新开始职业生涯、在三次毁灭性流产后尝试怀孕——都是勇敢的个人行为。勇敢有多种形式，它们都很重要，也很有价值。所有勇敢的行动都很重要，因为勇敢能够培养勇敢。我们每次的勇敢行为都是在培养我们的“勇敢肌肉”，或大或小——当我说是时候用我们女性自己的标准重新定义勇敢的时候，我想表达的就是这个意思。

做真实的自己

那么，我是如何定义勇敢的呢？

勇敢是像我的朋友卡拉那样：她离开了自己创建的一家非常成功的公司，原因是她与联合创始人的关系变得越来越糟糕。她花了几年的时间才终于鼓足勇气离开，因为她在创业过程中付出的太多，对公司的成功寄予厚望，她不知道如果离开公司，自己会怎样。

勇敢是像莎伦那样：她放弃了25年舒适的婚姻和安逸的生活，因为她内心深处知道自己是同性恋，如果不遵从自己的内心，她会后悔余生。

勇敢是像我儿子的保姆奥黛丽那样：她与乳腺癌抗争并成功地活了下来。勇敢是所有女性坚强的样子：她们选择了自己家人不认同的人生道路或伴侣，她们自己抚养孩子；或者尊重自己内心的声音，决定终身不生育；勇敢的女性在孩子出生后会重返学校完成学业或者重返职场工作，勇敢的女性也会选择不这样做；勇敢的女性有勇气打破自己乐天知命的幻想，勇于寻求帮助。

勇敢的女性敢于站出来反对虐待，即使这意味着要拿自己的职业或名誉冒险；勇敢的女性不怕犯错；勇敢的女性偶尔会让自己的孩子吃顿比萨，而不是每次都吃自己做的饭；勇敢的女性知道自己犯错时，会说声“对不起”，不会百般辩护或推卸责任。

勇敢就是要敢于展现自己，声音洪亮，充满自信，无须道歉。我们身边到处都能看到这样的例子，而且不仅局限于我们能够想到的这些方面。不久前，来自北卡罗来纳州的 5 岁小女孩安斯利参加“公主周”舞会的一张照片在网上迅速走红：照片里的她既没有打扮成灰姑娘的样子，也不是《冰雪奇缘》中的女主角那样，而是打扮成了一只热狗的样子。安斯利的舞蹈老师被她大胆的选择惊呆了，上传了一张照片，结果网民顿时陷入疯狂。在整个推特圈，人们为这个小女孩欢呼，因为她在不知不觉中鼓舞了我们每一个梦想标新立异的人。我最喜欢的一条推文是：“在公主盛行的世界里，要敢于做一只热狗。”

今天，也许最年轻一代的女孩能教会我们一些勇敢的东西。我的朋友瓦莱丽有个女儿，她从7岁起就知道自己是跨性别者。瓦莱丽在女儿很小的时候就帮她把名字从“詹姆斯”改成了“贾斯敏”。第二年，当贾斯敏转到一所新学校上学时，没有人知道她的秘密。她对自己的出生身份保密，因为不知道别人是否会取笑自己——或许情况会更糟。当她所在的班级在学习性别认同时，小贾斯敏站起来向同学们公开了自己的秘密。她们惊讶地沉默了一会儿，然后围拢过来，纷纷拥抱贾斯敏，向她表示支持，并告诉她，她们很自豪做她的朋友。这是我能想象到的最感人的勇敢行为之一。

想成为第一个吃螃蟹的人、第一个开拓创新的人，是需要勇气的。“Me Too”运动让这些女性变得更加勇敢——她们的故事很多被忽视了，她们的名誉受到了不可挽回的玷污，她们在媒体上受到了恶毒的攻击和威胁。然而，她们拒绝让步。

短期来看，她们所有的痛苦似乎都是无用的。但正如我们现在所知道的，事实绝非如此。虽然当时她们无法知道自己的影响，但这些女性在地壳的断层线上撬开了一条小缝隙，这条缝隙后来引发了现代社会史上最强烈的地震之一。如果没有她们，谁知道“Me Too”这一运动是否会发生？有一件事我很确定，那就是勇气是会传染的。即便当时只有一位女性挺身而出，但她的勇气会激励很多女性去做同样的事情。

这些都是让人印象深刻、世人皆知的勇敢行为。然而，我们私下里悄然无声的勇敢行为也同样有价值。瓦伦蒂娜是“编程女孩”中的一位校友。她在高中三年级的时候决定把她的自然卷发留长。这似乎是一个无关紧要的决定，但在她的学校，不曾有过这样的做法，因为该学校中美丽的标准是顺滑的直发。是否有孩子对瓦伦蒂娜的做法粗言相向呢？是的。但当很多女孩私下告诉她，她们希望自己也有勇气做同样的事情之后，瓦伦蒂娜决定在她的学校成立一个名为“了解你的发根”的俱乐部。她说：“社会让我们觉得我们需要把头发拉直，这样才能融入社会。我不知道有多少其他女孩感到没有安全感，也不知道自己原来的头发到底有多漂亮。”

勇敢并不总是意味着去做那种最轰动、最大胆、最离经叛道的事情。有时候，做真实的自己，不去做别人期望你做的事，反而更勇敢。例如，儿子出生时，我以为我会尽可能长时间地用母乳喂养他。所有的育儿宝典（以及医院里的护士以及我认识的另一位妈妈）都告诉我应该这么做。当然我也想要给儿子最好的哺育方式，所以我也决定这样做，决定成为最棒的妈妈，其他的都无所谓。

可是上班之后，事情就变得复杂了。我发现自己每三个小时就要发疯般地寻找一间私密卫生间，把奶水抽出来；在狭小污秽的飞机卫生间里，把乳汁溅到衣服上；把闹钟定在早上 5 点，以便在上班前给儿子喂奶。我当时感到沮丧、疲惫、痛苦——更不用说还要因为丈夫不必为母乳喂养的事情操心而跟他发火生气了。我初为人母的喜悦到哪里去了呢？我向我的朋友埃斯特·佩雷尔求助，她是著名的心理治疗师和人际关系专家。当我告诉她事情原委后，她看着我，直截了当地说："停止母乳喂养吧。"

天哪！她的话对我震动很大，因为我从来没有想过不用母乳喂养也是一种选择。我停止了母乳喂养，结果没过几天，我就爱上了当妈妈的感觉。最后，我成了一个自己梦想成为的母亲，而不再是一个整天忙于抽奶水的歇斯底里的疯女人。

每一位像上文提到的莎伦那样的女性勇敢地摆脱婚姻，都会有另一位女性勇敢地选择留下来。多年来，人们一直认为，当配偶出轨时，女人能做出的最勇敢的选择就是离开，开始自己的新生活，不畏惧带着离异的耻辱，正如艾斯特在她的新书《事态：重新思考不忠》中指出的那样，离婚不再是耻辱的代名词。然而如今，如果伴侣有不忠行为，选择留下的人却会被人更看不起。可是，对一些人来说，这可能是正确的选择。艾斯特说："女性有各种各样的理由认为，配偶的一次出轨不应成为一段持续数十年的婚姻关系的破裂的决定性因素。她们应该做出自己的决定，不必担心周围任何人的指指点点。"

拒绝自己不想做的事情是尊重自己的勇敢表现，尤其当这种选择意味着会让朋友或所爱之人失望的时候。有时候这样做需要巨大的勇气，不是吗？我们接受的完美女孩教育要求我们不惜一切代价帮助别人、与人为善。这种观念实在是难以摆脱。有多少次，你原本内心十分不愿意，但最终还是答应去参加聚会、出席委员会或董事会、在自己孩子的学校做志愿者、借钱给家人，或者帮朋友一个大忙？我们需要勇气才能对别人说“对不起，但我现在确实没时间”，需要更大的勇气才能说“谢谢，但我不能做”。你无须道歉，也无须找借口（我现在还在为拒绝别人找借口……）。

在你接受了“要么追求完美，要么彻底放弃”的教育之后，如果你能摆脱这种限制，做一些自己并不确定能成功的事情，这就是勇敢。例如，苏花了几个月的时间改编了一个新喜剧节目，她不敢给网飞公司（Netflix）的内容买家发送自荐邮件，担心如果被拒，自己会很失望，但一番祈祷之后，苏还是按下了发送键。玛丽莎离婚后不敢再开始约会，但她还是写了个人简介，并加入了一个在线约会网站。她知道（就像我们所有人都知道的那样）这样做并不能保证会有收获，但她也知道，与待在家里狂看电视剧《唐顿庄园》相比，摆脱限制、跳出圈子会让自己更有可能约会成功。

最重要的一点是，我们需要在多方面重塑勇气，而非仅仅局限于单一某个方面。勇敢是广泛的、复杂的，是具有特定情境属性的。也就是说，一个人可能在某个领域很大胆，却在另一个领域很胆小：你可能在创业精神方面大胆生猛，却在约会时胆小如鼠；或者你可能在投资股市时从容淡定，却一辈子都不敢尝试高空跳伞。我曾经站在成千上万的观众面前演讲，但是一想到要在朋友的生日聚会上起来唱卡拉 OK，我就害怕得要死。

当然，勇敢也因人而异。对一些人来说，蹦极是他们能够想象到的最勇敢的事情；对其他人来说，勇敢就是在 20 个人面前演讲。在战场上战斗的士兵是勇敢的，那些为节育和生育权利而斗争的妇女也是勇敢的，挺身而出的见义勇为者是勇敢的；同样，那些冒着生计危险，声讨位高权重的男性性侵行为的女性也是勇敢的。

所有这些行为都很勇敢，也都很重要。

竭尽全力，去改变

当某个女人做了一件惊世骇俗之事时，我们常常会说“她有种”，以此作为一种有悖常理的赞美。这并非巧合。当然，“有种”的意思是说，男人的睾丸是他们勇敢和力量的源泉。但是，就像我们不需要像男人那样“勇敢”一样，我们也不需要像男人那样“成功”。这都是老生常谈了，不再赘述。

无论如何，表现得像个男人并不能让我们真正有所成就。在工作中，即使女性采取同样的职业发展策略，她们的工资仍然较低。我们一遍又一遍地听到关于我们面临的双重困境：如果女性没教养、不热情、不友善，那么别人就不会喜欢我们；但如果我们有教养、热情、友善，那么我们就会被排除在领导岗位之外。如果我们自信、坦率、勇敢，我们就会被众人批判；但如果我们不自信、不坦率、不勇敢，我们就注定会一事无成。大量研究表明，当女性表现出典型的“雄性”特征时，比如强硬的态度或非言语方面的霸气（即说话时直视对方的眼睛），那么她们可能会遇到强烈的抵触情绪。人们不愿接受在职场中行为表现非常自信的女性。在此我想补充一句：“这只是暂时现象。”我坚信，如果我们反思一下，从孩子们幼年时期就改变培养方式，在重要方面剔除性别行为差异，那么我们就能从下一代开始改变这种状况。

但是，我们这一代人又该怎么办？为了摆脱这种双重困境，我们需要像女人一样勇敢，而不是像男人一样勇敢。我们应当高声宣布：“我们要用我们自己的方式做事！”因为我们知道，即使我们的贡献不比男性多，最起码也同他们一样多。是时候展现我们的优势了，而不是继续隐藏它们，不管我们认为它们是多么的“男性化”或“女性化”。女人比男人更情绪化？这太棒了。我认为这是一种资本，而不是缺陷。研究结果也支持这一点。普华永道和众筹中心的一份报告显示，女性通过众筹筹集资金的成功率比男性高出32%，这只是众多例子之一。为什么会产生这种结果呢？因为女性在推介中使用了更多情感化和包容性的语言，这比陈词滥调的有关运动和战争的隐喻，以及司空见惯的毫无感情色彩的商业语言更能吸引投资者。

女性和冒险的关系也是如此。诚然，女性通常比男性更倾向规避风险。你可能会说她们胆小怕事，但我想说的是，她们理智、谨慎、考虑问题周全。这也是为什么很多人猜测，假如换成雷曼姐妹（而非雷曼兄弟）主导大局，经济危机很可能不会发生。

我们花了大量的时间，试图弄明白如何按照男人制定的规则进行游戏。在我看来，这和跟随他人的脚步探索未知领域没什么两样。正如我们无法通过抄袭别人的方案而变得与众不同一样，我们无法通过实现别人定义的成功而成功。说真的，按别人制定的规则取得成功又有什么意义呢？

我们需要改变自己的方法，做真正的自己。勇敢是基于我们想要什么和什么能让我们快乐而做出选择，而不是基于别人对我们的期望或要求。如果你的真正目标是成为一名参议员或某家财富 500 强公司的首席执行官，那当然太棒了，但其实你的目标不一定非要如此，就像世上没有一种“正确的”勇敢方式一样，对于成功也没有一个统一的定义。

我们知道在职场、政治和其他领域中存在着对女性的偏见。女性面临着严重的结构性挑战。这是不可否认的。在美国 50 万民选官员中，有 79% 仍然是白人男性。这是否意味着，如果你是一位棕色皮肤的女性，你就不应该竞选公职呢？当然不是。这意味着你应该接受挑战，认识到自己可能会失败，但还是要义无反顾地去做。

我并不是在告诉你要更加努力地去实现自己的目标，而是想告诉你，不要让恐惧阻止你追求目标的脚步，不要还未尝试就早早放弃。如果你成功了，那这份成功会更加甜蜜，因为它是在勇气和激情的推动下成功的。如果没有成功，你可能会感到失望，但你仍然要感到自豪，因为这正是卡罗尔·德韦克所说的“诚实的失败”。

我们已经走了很长一段路，但现实是，我们还需要一段时间才能看到在性别平等领域的巨大变化。这是个坏消息。但好消息是，面对这些障碍，我们如何应对和行动则取决于我们自己。我认为，我们需要停止试图从他人那里争取权力、尊重和机会的做法，而是要勇敢地为自己创造这一切。

大家不要误解我的意思：我认为女性需要竭尽所能，继续推动文化变革。对女孩来说，在这样一个世界里长大并非好事，因为这个世界告诉她们，为了达到某种不切实际的美丽标准她们必须忍饥挨饿，或者告诉她们获得计算机编程学位或敢于表达自己的观点是男孩的专利。我们需要为她们和我们自己创造一个更美好的世界。我相信我们可以根据自己的标准定义勇敢，进而做到勇敢——确定一项事业，树立一个目标，经历一次失败，在公主盛行的世界中敢于做一只“热狗”。我们可以培养每个人内心深处的勇气，进而做到这一点。

第 5 章

勇敢是一种让我们成长的能力

如果你仔细想想，生活中几乎所有值得做的事情都需要勇敢。在练习侧手翻失败了十九次之后，第二十次稳稳地做成了，这就是勇敢。勇敢让我们去上大学，或者远离家乡，去一个我们谁都不认识的地方，鼓励我们满怀激情地投入到第一份工作中去；勇敢使我们敢于创业，敢于更换职业，或者向公司要求我们应得的薪水。勇敢让我们敢于示弱、寻求帮助，帮助我们鼓起勇气去原谅伤害我们的人；它激励我们慷慨大方，支持其他女性，并且不担心这会有损我们自己的利益。正如温斯顿·丘吉尔曾经说过的那样，“勇敢是人类的第一美德，因为它使其他一切美德成为可能”。

勇敢使恋爱成为可能。让别人看到真实的你，看到你的缺点，接受一个同样不完美的人，这需要勇气。正如埃斯特·佩雷尔告诉我的那样，勇敢让我们勇于彼此示弱，这反过来又让人际关系变得稳固。她说：“人们有时会做错事或伤害彼此的感情……此时需要勇敢才能开诚布公敞开心扉，才能对对方说‘我错了，对不起’。勇敢是一种能力，能够让我们看到自己的缺点，并且承认这种缺点，勇敢是一种能力，能够为发生在他人身上的好事感到快乐，即使这些事情与你无关。”

勇敢能改变我们所有的人际关系，由原来虚假、肤浅的关系转变成真诚、自然、实在的关系。我们经常对朋友坦诚相待吗——真正敞开心扉的那种？只有通过锻炼你的“勇敢肌肉”，表面的人际坚冰才会融化，人与人之间才会真正做到“心心相印”。我在法学院交往了 7 个女性朋友。大家都忙于生活，现在我们一年只见一两次面，但每次我们都相见甚欢。我们会谈论更深层次的事情，包括流产、婚姻中的磕磕碰碰，以及我们内心的（别人从未见过的）恐惧。向他人敞开心扉是需要勇气的，但能拥有这样一个完全开放、真实的安全空间却是一桩幸事。

勇敢使我们成为更好的父母。当我们放弃对自己不切实际的期望时，我们自然会放松对孩子的要求。当我们不再为孩子的成绩或大学论文而烦恼时，我们会帮助他们发现学习的乐趣。我们通过事例告诉他们如何追求卓越，而不是追求完美；我们告诉孩子即使他们失败了也不是世界末日。我们允许孩子做真实的自己，允许他们做自己喜欢做的事情（即使你不同意他们的选择）——这就是勇敢。孩子们会因此更快乐、更健康，你也一样。

这听起来可能有点儿俗气，但勇敢可以帮助我们把梦想变成现实。无论你的梦想是身居高管之位、辞职创业、成为一个嘻哈舞者、光宗耀祖、在动物庇护所工作、跑马拉松、重拾学业、出版一部小说、结婚生子，还是通过自己的努力青史留名，勇敢都会帮助你实现梦想。

请忽略培养完美的外表，因为这只是一个脆弱不堪的表象，随时都可能倒塌。只有练就了勇敢的肌肉，你才会有真正的安全感，因为我们知道我们能克服任何障碍。勇敢并不能保证一切都会称心如意，但它能保证即使我们不称心如意，我们也会没事。无论面对什么恶魔，勇敢都能让我们屹立不倒，继续前进。勇敢，而非完美——才是唯一真正的铠甲。

勇敢能让我们在可能会沉没的时候继续浮在水面。我们都知道，生活中总会发生一些我们无法控制的糟心事。我们可能失业、面临健康危机、失去亲人——这些都是我们无法避免的残酷现实。然而，当真正困难的时刻来临，如果我们的“勇敢肌肉”非常强壮，我们就能经受住打击。我并不是说我们所面临的挑战不会让我们感到残酷、不公平或沮丧，但我想说的是，我们能够直面这些感受，并且能够坚持下去（这就是勇敢的作用）。

最重要的是，勇敢让我们得以自由。它能赋予我们一种力量，让我们发出自己的声音，把那些让我们不快乐的事物抛诸脑后，去寻找我们灵魂中闪耀的火花。它让我们看到，那些麻烦不断、瑕瑜互见的真实自我，实际上才是“完美”的真正定义。

第三部分

踏上勇敢的征途

一天清晨，我在去往纽约肯尼迪机场的路上，准备前往亚特兰大参加一个演讲活动。因为我得起很早去机场，而且一降落就要直接赶往活动现场，于是我就把大卷发夹子别在头发上，一直留在那里，打算飞机着陆后再取下来。过安检时，我看到人们都在盯着我看，因为我的头上全是大号的卷发夹子，我忍不住笑了起来。当时我看起来一定有点儿滑稽，但你知道吗，我根本不在乎。有那么一瞬间，我甚至有点儿沾沾自喜，因为我意识到不在乎别人的想法已经从一种我刻意的练习变成了无意识的习惯。

是时候让勇敢成为一种永久性的习惯了。我们要以训练自己改过自新的方式来培养自己勇敢的习惯：首先意识到你需要改变的行为（追求完美），决定改变（打开这本书），然后有意识地反复用更好的行为和心态取代原有的劣习。最终，全新的、更好的习惯会在你心中生根发芽，成为一种自然的存在方式。

这些章节中的方法可以帮助你做到这一点。它们是我从专家那里收集到的一组建议、想法和做法，也包括我在完美转为勇敢的过程中（其中经过多次反复）的一些心得体会，可以帮助你养成或强化勇敢的习惯。它们并非是“如何变得勇敢”的神奇秘方。根本不存在所谓的神奇秘方。“勇敢”的含义因人而异，所以我希望你能够选择、调整那些与你关系最紧密、最能反映你需要的策略。如果说“不”让你感到焦虑，那你可能是想把注意力集中在第 8 章“不要过于在意他人的看法”所给出的建议上。如果你害怕被拒绝，那就直接翻到第 7 章“直面恐惧之火”。

对于那些想通过亲自有效地支持其他女性的方式来学习建立姐妹关系的人来说，第 9 章的内容就是关于我们应当如何打造“团队勇敢”的。而那些仍然不相信自己能从失败或严重的错误中幸存下来的人，可以看看第 10 章“劫后重生”的复苏计划。

在每一章中，你都会看到一些日常的练习方法。你可以采用任何顺序，只要经常练习就好。就像任何形式的运动一样，练习得越多，就越容易做到，因而很快你就会发现完美的铁爪开始松动，勇敢的声音开始轰鸣。别担心，我不会让你带着满头卷发夹子满机场溜达的（除非你想这么做）。但我向你保证，一旦开始练习一些勇敢的小举动，你就会发现没有什么比这更令人兴奋了！

第 6 章

养成勇敢的习惯

我不是生来就勇敢的。事实上，小时候我非常胆小怕事——直到八年级的最后一天。那天，一群偏执的女同学欺辱了我。

那天阳光明媚，微风习习。（在丑陋的事情发生之前，一切总是显得很美好，不是吗？）大家都在传阅毕业纪念册，空气中弥漫着即将毕业的喜悦气息。我靠着墙和朋友蒲在聊天，这时候她们围住了我。那群生来刻薄的女孩——开始嘲笑我。她们肆无忌惮歇斯底里地狂笑，羞辱我，向我下战书。是的，这将是一场真正意义上的互殴。

起初我对她们不屑一顾，不予理睬。作为我所在社区唯一的印度家庭，我已经习惯了被他人骚扰。记不清有多少个早晨，我站在房子外面，帮父母清理前一天晚上其他人因挑衅行为遗留下来的卫生纸和鸡蛋壳。有一次，有人在我们家墙上喷了一行字："印度佬滚回去"。当我和父亲从我家草坪上捡起蛋壳碎片时，我在想这应该不是他期望带给我们的生活。我的父母是作为难民来到这个国家的，当时他们是为了躲避乌干达的一个残暴独裁者。他们被要求在 90 天内离开自己的国家，否则就要被当场枪毙。然而，不知何故，尽管父母目睹了这么多的暴力行径，但他们总是选择表达爱和善良。

他们享受着美国式自由，并被其同化。我父亲把自己的名字从“穆昆达”改成了“迈克”，母亲则对她在超市里遇到的针对自己穿莎丽服和贴眉心贴的侮辱漠然置之。他们默默地忍受着大大小小的侮辱，并一直要求我和妹妹也这样做。

一直以来我对父母的要求言听计从，直到最后，我再也受不了了——我厌倦了逆来顺受、委曲求全。所以，当那群女孩告诉我当天下午放学后同她们打架时，我直视着她们的眼睛接受了她们的挑衅。

当放学铃声响起的时候，蒲抓住我，想把我拖到校车上。她边拖边说：“我们走吧，拉什玛，你不需要这样做。”说实话，当时我真想上那辆校车，但我不能。我知道自己肯定会挨揍的，因为我知道自己不是大卫，无法战胜残暴巨人歌利亚，之后也不会出现电影《空手道小子》中以一敌六的精彩场景。我根本没有机会赢这场互殴，我只是一个印度小女孩，而且我的印度父母教给我的是用非暴力的手段解决问题。但我不能让那些女同学把我吓跑，吓得不敢露面。于是我绕到学校后面（她们已经在那里等着了），手里拿着威尔逊牌网球拍、球棒和一个装着剃须膏的塑料袋。

我还没来得及放下书包，这群卑鄙刻薄的女孩就向我扑了过来。我耳中听到的全是围观者发出的尖叫声和嘲笑声——当时几乎所有的八年级学生都聚集在她们身后。对方的指关节击中了我的眼眶，我几乎立刻就晕过去了。过了一会儿，我醒了过来，她们都走了，只剩下剃须膏的空罐和一个空塑料袋。

第二天早上，我在疼痛和恐惧中醒来。我有一件漂亮的黑蓝色花边裙子，我本来打算星期天毕业典礼时穿，而现在，我大大的黑眼圈正好跟这件衣服相配。身体上的疼痛并不是最糟糕的，最糟糕的是我内心感到很尴尬。对我来说，那个黑眼圈意味着我没能被同化，没能被同龄人接受。我不知道自己将如何昂首挺胸地参加毕业典礼。但我深知，如果不参加毕业典礼，我会一直畏缩不前。毕业对我来说是一个重要的转折点。参加毕业典礼，就意味着我决定做真实的自己，即使这意味着承认我并没有融入美国社会。

于是，我把头发高高盘起，把嘴唇涂成粉红色，并且决定把黑眼圈化得更漂亮一些。我的毕业典礼是我人生第一次失败的派对，但是说实话，这是我能做出的最好的决定。那天，我觉得自己比以往任何时候都勇敢、坚强、自豪，因为我知道，带着黑眼圈参加毕业典礼总比心存遗憾要好。

那个黑眼圈最终消失了，但遗憾的是，在很长一段时间内，我对毕业那天的感受和记忆也消失了。你可能认为少女时代的经历会从根本上改变我，但随着时间的推移，少女时代的记忆被我努力争取实现的每一个目标深深掩埋起来。直到多年以后，在那个关键的8月份的一天，我内心突然爆发了，有个声音在大声说："我受够了！"此时我想起了勇敢面对恐惧时的那种感觉。就在那一刻，我内心的某些想法发生了永久性的变化，我决定将勇敢面对余生。

我深知一点：说到勇敢，心态决定一切。在那两个决定命运的日子里，假如当初我认为自己根本没有能力表现得勇敢——认为自己根本不是那种能挺身而出、敢于对抗一群刻薄女同学的女孩，或者认为自己不是那种能放弃父母希望我选择的人生道路、转而追求自己理想的女人，那么我就真的证明了自己那些想法是正确的。但不知为何，我相信自己可以成长为我想成为的那样勇敢且自信的人，并且事实最终证明，在经历了无数次失败和反弹、挫折和小胜之后，我做到了。

显然，我们并非想让自己勇敢就会变得勇敢，这其中没有魔法药水也没有灵丹妙药。并不是说做了一件勇敢的事情之后我们就能从此勇敢起来，勇敢的养成是个漫长的过程，需要日复一日、持之以恒的练习。生活中总会面临新的挫折和更艰苦的挑战。要想应对它们，需要采取相应的方法，培养勇敢的心态，从而使勇敢成为一种终生的习惯。

方法：保持精力充沛

我认识的每位女性都精疲力竭，因为我们付出了很多，也承担了很多。除了整天忙碌工作之外，还要担当各种角色——母亲、朋友、女儿、监护人、家庭幸福的守护者、宠物照顾者、旅行计划者和家庭主心骨。此外，我们还承受着巨大的压力，想要把所有事情都做得完美无缺，一心要把别人的需求放在自己的需求之上，因而会感到身心俱疲。

但这里有一个好消息：以疲惫作为荣誉徽章的时代已经结束了。过去，人们总认为自己同时应付 50 件事情、在假期或在得了流感的情况下也能天天工作、加班，靠咖啡因和能量棒维持体力和精神是相当了不起的表现。但如今，人们不这么想了。现在我们知道了这些消耗精力的习惯的代价，认识到“争做工作狂”已经过时，意识到健康更重要。阿里安娜·赫芬顿可以说是我们这个时代最伟大的媒体大亨之一，她写了一本畅销书，内容是关于睡眠的力量。没错：这位被《福布斯》杂志列为全球第 52 大最具影响力的女性肩负着一项使命，那就是证明成功的终极秘诀之一就是充足的睡眠。这对我来说这是个极好的消息。

这不仅是因为疲劳给美国经济造成了数十亿美元的损失（确切地说是 4 110 亿美元的损失），降低了生产力，也不仅是因为压力能导致严重的疾病，其中包括超重和心脏病；也不仅是因为当我们精疲力竭的时候，我们看起来就像废物一般。正如阿里安娜指出的那样（在我告诉她自己正在写一本关于女性和勇敢的书时），如果我们精疲力竭，我们就无法勇敢起来。

没错，她说得非常正确。如果你觉得自己精力不济，那你就没有精力去冒险；当你能量耗尽、大脑不转时，你几乎不可能鼓起勇气说“不”，也无法尝试一些危险的新事物。我不知道你的情况如何，但是当我精疲力竭的时候，我最不想做的就是无端地给自己添麻烦，最想做的就是穿上打底裤和运动衫，随便把头发盘起来，取下隐形眼镜，换上一副傻乎乎的框架眼镜，瘫躺在沙发上，随心所欲漫无目的地浏览网页。身心的疲惫和沉重的压力几乎瞬间就能杀死勇敢。

要想离开我们的舒适区，需要心理乃至生理方面的精力、耐力和坚毅。这就是为什么培养勇敢心态要把健康放在第一位。

下面是基本做法：

- **健康至上**。因为没有时间去看医生，莲娜连续 4 天忍受着鼻窦炎带来的痛苦。然而，当她的狗生病开始突然呕吐时，她立即放下手中的一切事务带它去看兽医。这种情况听起来很熟悉吧？我们很多人根本不在乎自己的身体，这真是太疯狂了！难怪有那么多女性最终患上了自身免疫性疾病、背痛、抑郁症，甚至其他更严重的疾病。能说出“不能再这样下去了”的人是非常勇敢的。不要再因为不想让任何人失望而在身患重感冒的时候去上班或去见朋友了，也不要再为了迎合别人的时间安排而牺牲自己的锻炼计划或与医生的预约了。你不会忽视自己孩子肩膀上烦人的伤痕，也不会让自己最好的朋友因为太忙而推迟拍片检查她的乳房，所以为了你自己的健康，你也应当采取同样的立场，当机立断，把自己的健康放在首位，以此作为你展示勇敢的第一次正式行动。

• **接受“私人专属时间”**。“家庭与工作研究所”于2012年进行了一项全国性研究，证实了我们所有人理智上认为的那个事实：与那些没有个人时间的女性相比，习惯于为自己留出时间的女性对自己的生活更满意。但是，仅仅因为知道放松和休息对我们有益并不意味着我们就真的这样做了。对“照顾好自己”说“是”通常意味着以某种方式对别人说“不”。对于我们这些天生认为优先考虑自己的需求是自私表现的人来说，这样做真的很难，但这也是勇敢的表现之一。

• **好好睡一觉**。我敢打赌，你每天都像陀螺一样转个不停，努力争取把每件事都做到最好——清晨一睁眼就开始健身，为孩子做薄饼（尽管麦片粥当早餐也不错），熬夜回复电子邮件，清洗所有的脏盘子。完美主义迫使我们一根蜡烛两头点，过分消耗体力。但不要自欺欺人地认为自己只需睡两个小时就能扛过去。研究表明，每晚7到9小时的睡眠才能保证你处于最佳工作状态。休息好不一定能让你变得更勇敢，但我可以向你保证，休息不好必然会严重影响你的表现。

• **学会冥想。**科学研究证明，冥想能收缩大脑杏仁核。当我们感到被威胁或害怕时，杏仁核是大脑中的控制器。每天花上 10 到 20 分钟的时间冥想，你就可以刷新大脑，不再感到恐惧，从而平静地面对日常生活。

• **安排好健身时间。**你早就知道肯定会有这一点，抱歉我说晚了，但所有数据都是真实的：人们已经证明，锻炼身体可以防治百病，比如体重超重、压力过大、过度焦虑以及其他疾病。所有这些因素都会决定我们是感到精力充沛还是精疲力竭。此外，没有什么比照镜子时看到一个强壮、性感的勇猛女子更能让你感到斗志昂扬了。（需要说明的是：我们谈论的是通过锻炼来获得健康、灵感和成就感……而不是为了塑造完美的身材！我们需要保持真实的自我——你明白这两者的区别。正如每一位健身专家都会告诉你的那样，坚持健身计划的秘诀就是提前计划，就像你做任何重要的事情一样。

方法：给自己成长的空间

我不勇敢。

我不是那种爱冒险的人。

我就不擅长说“不”。

像这样的声明就正是来自本书前面提到的僵固式思维模式。这种思维模式会导致一个人缺乏成长或进步的空间，留下的只是死胡同。但是，看看当你稍稍改动一下这些说法，会出现什么情况：

> 我还不够勇敢……不过……
>
> 我还不是那种爱冒险的人……不过……
>
> 我还不擅长说“不”……不过……

突然之间，你摆脱了困境，获得了自由，朝着某个目标在成长，走在由现在通往未来的路上。心理学家、动机先驱卡罗尔·德韦克把这称为“接受暂未成功的力量”，与僵固式思维形成了鲜明对比。

这种小小的思维转变可能会产生巨大的影响，尤其是在重新定义错误的时候。你不是“没有成功”，你只不过是“还没有成功”。当你这样看待问题的时候，错误就不一定会成为永久限制或其中失败的明显标志，它只是暂时的挫折而已；不那么完美的尝试也不一定会让故事戛然而止，相反，你可以把“我搞砸了”说成“好吧，我已经尝试过了，现在再尝试点儿别的”。

轰动一时的系列小说《分歧者》的作者维罗尼卡·罗斯告诉我说，在她成长的过程中，她在生活中的所有领域都受到了自己追求完美的执念所影响。那时候，如果初稿不令人满意，她会把整篇文章都说成是“垃圾”。现在，她已经锻炼着让自己这样说：“这份初稿还有潜力，只是需要进一步修改。”换句话说就是：“这份初稿还不是很好……不过……”

我们都不是最终的成品，都处于不断进步之中。下次，当你发现自己武断笼统地评判自身缺陷时，一定要提醒自己这一点，在结尾处加上一个“不过”，此时你会立刻感觉到有所不同。

方法：用智慧做选择

考虑周全是精明之举。在采取任何有风险的行动之前，先审时度势，权衡利弊，这是明智的做法。但如果思虑过多、分析过度，我们就会偏离谨慎的领域，进入未知的黑暗之地。

这两个地区之间的边界是以恐惧为标记进行划分的。跨越边界的关键是认清什么时候应当谨慎小心，什么时候不应当仅因为害怕就说服自己放弃某件事情。当你放弃某个挑战或机会的时候，问问自己：“这样做真的没有意义吗？”或者“我不这样做是因为我害怕，不敢走出自己的舒适区吗？”

或者，正如我杰出的高管培训师雷·戈戴斯所言：“你表现出的是一时冲动还是足智多谋？”

如果你对自己的决定感到平静，那你就该明白这是你的智慧使然。智慧的声音是平静的，并且带着一种权威的感觉。相反，冲动时你更爱抱怨、更紧张、更具防范性（想象一只内心不安的吉娃娃狗，你就会明白了）。如果你听到自己在找借口，发现自己逢人就向对方解释你的选择，或者隐约感到失望或不开心，这就表明这是你一时冲动的结果。

在权衡是否要再次竞选公职时，我经常考虑这个问题。在开始写作本书之前，我非常确定我不会参加竞选的原因——因为我当时觉得我在“编程女孩”的工作会产生更大的影响。但在向数百名女性提出“冲动与智慧”的问题后，我不得不把镜头转向自己，问自己：“我是否是害怕再次失败呢？”（这个问题还没有定论。）

下次，当你打算放弃某件事的时候，停下来问问自己，到底是你的冲动还是你的智慧在说话。这是一个很好的方法，你可以展现真实的自己。

方法：打破你的瓶颈

你最害怕做的一件事是什么？那件你知道如果你做了，会对你的生活产生重大影响的事。

雷·戈戴斯称那件事为你的“瓶颈”。她说，不管我们是否意识到了这一点，我们所有人都有属于自己的瓶颈。我把我的那个瓶颈称作“我害怕的东西”。不管你称它是什么，雷·戈戴斯说得没错：我们每个人都对某个挑战、某种改变、某个行动或某个梦想心存恐惧，不敢直面。我问过很多女性这样一个问题：她们不敢去做、但如果做了可能对她们产生巨大影响的事情是什么？她们总是能马上给出答案。吉莉安不敢做的事情是告诉丈夫自己隐瞒的巨额债务；对道恩来说是找到一份薪水更高的工作；对莉塞特来说，她的瓶颈是减掉75磅赘肉，因为这妨碍了她的幸福。还有一些女性谈到的是结束危险的婚外情，告诉成年子女她们需要搬出去住，处理法律问题，或者是改变职业或选择其他生活方式。我们可能还没有做那件大事，但在内心深处，我们知道那件事是什么。要想发现我们的困境、找到解决的方法，首先要确定这件事是什么。

你需要打破的瓶颈在哪里？如果你不确定，那就开始寻找你的舒适区。正如雷·戈戴斯所说，任何你觉得舒服的地方都是可疑的地方。我并不是说你现在就必须去做（甚至根本不需要去做），而是说要训练自己至少留意一下，因为这能把你的思维引向正确的方向。

方法：利用“不要让自己后悔”的力量

我的朋友亚当·格兰特是一位组织心理学家，也是《纽约时报》畅销书作家。他说，最聪明、最有创造力的人往往喜欢拖延或害怕冒险。那么，是什么让一个人从酝酿一个伟大的想法转变为将其付诸实践呢？他说，关键在于当事人对失败的恐惧被对无法尝试的恐惧所取代。此时此刻他才能发生改变。只有当他意识到，虽然可能会失败，但这总比不尝试要好时，他才会行动。想象一下，一旦你从担心自己是否会出丑，转变为质问自己未来是否会后悔没有抓住这个机会时，此时此刻你会如何行动呢？

亚当说：“其中很大一部分都是在做精神上的时光旅行。能够在思维上超前十年是人类最有用的技能之一。”也许现在被拒绝或失败让你感到很不舒服，但更不舒服的可能是十年后的你回头瞪着你，因为你在现在没有行动。精神上的时光旅行可以帮助你摆脱冒险带来的直接后果，让你换一种角度来思考问题：“我更看重什么，是现在失败的痛苦，还是未来可能产生的痛苦？”

对我来说，这种转变发生在我33岁的时候。我一直以为自己有足够的时间竞选公职，直到有一天我醒来后突然意识到：“噢，天哪……我已经年纪不小了！”竞选公职的想法让我害怕，但时日无多、无法参选的想法更让我恐惧。害怕后悔是一种强大的动力。

嫉妒也是一种强大的动力。我有个朋友是一位了不起的作家。她接受了一份工作，担任新闻学教授。但她讨厌这份工作，因为她只想当一名作家。每当有人写了一本她觉得自己也可以写的书时，她心里就像刀扎一样难受。虽然每个周末阅读《纽约时报》的周日书评对她来说是一种折磨，但这却激发了她开始自己写书的决心。

作家维罗尼卡·罗斯一生都饱受焦虑和自我怀疑的折磨，最终不得不问自己下面哪种情况更可怕：是把自己暴露在读者面前可怕，还是压抑自己的声音更可怕？她告诉我说：“写作的可怕之处是要直面批评，在陌生人面前暴露自己的弱点。但对我来说，成为一名作家比免受批评更重要。”

我遇到一位名叫劳伦的女士，她担心女儿们长大后会因为害怕而逃避挑战。所以，尽管她一想到要和全家一起去激流中漂流就吓得腿软，但她还是去了。与穿上防水服、登上漂流筏相比，她更害怕自己会为女儿们树立恐惧的“榜样”。

当你遭遇巨大恐惧之时，与其专注于让你害怕的事情，不如退一步问问自己：“如果我不这样做，可能会付出什么代价？哪种结果更让我害怕？”

方法：换位思考

下面是亚当·格兰特提供的另一个简单但非常有用的建议：

当你面对一个“可怕的”挑战或机会，并在考虑该怎么做时，你可以问问自己在这种情况下你会给别人什么建议。他解释说：“一般来说，我们为他人做出的决定比为自己做出的决定更合理。我们为自己做出的决定通常是一两个不去做这件事的理由，然后就可以心安理得地放弃。但是如果给别人提建议，我们就可以后退一大步，讨论对方应该或不应该这么做的根本原因。”

例如，领导要求你汇报工作，而这把你推到你的舒适区之外。也许观众数量比你通常面对的要多很多，或者在客户面前讲话会让你紧张得出一身冷汗。如果让你自己决定，你可能会认为不值得这么做，然后拒绝领导的要求。

现在想象一下，假如你的一个好朋友被邀请做演讲，她向你征求意见，问你觉得她应该怎么办。你很可能不会这样说：“噢，天哪，这怎么行？……算了吧。”你可能会告诉她，对她来说，这是一次难得的机会，应该勇敢尝试新事物，克服自己的恐惧，在工作中获得更多出头露面的机会。你会向她阐述利弊，甚至可能想出一些应对策略帮助她变得更加自信。

令人惊奇的是，鼓励我们爱的人非常容易，是不是？但当我们为自己做同样的事情时，所发生的一切会更让你惊奇。

方法：每天锻炼“勇敢肌肉”

一天，一位来自华盛顿特区的女童子军爱丽丝·保罗·塔珀注意到，在她所在的四年级班上，男生举手的次数比女生多得多。看到女生一声不吭的样子，她很烦恼，她猜这是因为她们担心如果答错或者举手了但老师不叫她们，会让她们感到尴尬。爱丽丝和其他童子军一起，制作了一种名为“举手”的饰颜片，鼓励女生大胆发声。女生只要保证在课堂上举手并鼓励其他女生也这样做，就可以获得这种饰颜片。从那时起，“举手”饰颜片就风靡了全美各地的女童子军。

既然爱丽丝和其他数百名10岁的女孩都能够每天去锻炼“勇敢肌肉”，我们也可以。我不能保证为你的努力颁发一枚饰颜片，但我可以保证，通过每一次挑战勇敢的行动，你的“勇敢肌肉”会变得越来越强壮。

正如梅雷迪思·格罗斯曼博士所介绍的那样，改变想法和信仰的最好方法之一，就是改变我们的行为——这有点儿像从外到内的改变一样。如果没有切身的经历，人们很难相信某件事情是真实的，因为眼见为实。你可以努力说服自己相信：即使自己在会议上说了一些蠢话，也不会就此失去同事们的尊重。但你不会完全相信这一点的，除非你说了一些不得体的话，结果发现并没有发生什么可怕的事情。

想要“变得勇敢”，没有什么固定的方法可循，只有一次又一次地采取行动，增强勇气，消除恐惧。这就是为什么我要求你从接下来的章节中每天选择一种方法，并根据该方法的要求去做。我以前曾经说过，但现在有必要重申一遍：勇敢是一种肌肉，你锻炼得越多，它就越强壮。你只要平心静气地坚持每天锻炼“勇敢肌肉”，就能经受住生活中难以避免的各种艰难困苦，从而生存下来。

第 7 章

直面恐惧之火

有时候，变得无所畏惧的最好方法就是直面恐惧之火。我第一次知道这个道理是在八年级的最后一天，当时我勇敢面对的是一伙刻薄的女同学，她们想要揍我一顿，仅仅因为我的肤色是棕色的。我第二次验证这个道理是在我无视那些所谓的政治精英的时候，当时他们告诉我还轮不到我参加竞选，我应该到队伍后面排队等候，但我没有。在经历了三次流产之后，我直面恐惧之火，再次尝试并最终怀孕。创办“编程女孩”这一组织时，尽管我对编程一窍不通，但我还是直面恐惧之火，从那之后每天以各种方式坚持学习。我日复一日地从小处做起，锻炼“勇敢肌肉”，这使得我能在遭遇更大的恐惧时勇往直前，直面挑战。

直面恐惧让我能够追求自己想要的，做自己认为正确的事情，即使一切并不完美，也不一定能奏效。正如我先前所说的，“我宁愿陷入困境也要尝试，绝不放弃”。本章的这些策略将帮助你学会适应自己的不完美——是的，甚至包括失败——这样你就不再害怕它。你可能听过下面这句谚语的某种版本：“勇敢不是没有恐惧，而是面对恐惧采取行动。”因为在直面自己的恐惧时，你就削弱了恐惧的力量。这会成为你的秘密武器，让你摆脱苛求完美的桎梏，追求你真正想达到的目标。

方法：主动征求批评意见

对于追求完美的女性来说，批评性的反馈简直让人无法容忍。如果有人对我们的评价不那么正面，我们的内心就会感到羞耻，立刻会觉得“我很糟糕”。我们会将其视为对我们品格的永久性指责。这是令人恐惧、让人沮丧、十分残忍的。

解决这个问题的良方不是避免批评，而是诚心诚意地邀请批评。是的，你没看错：我希望你积极主动地寻求冷酷、强硬、纯粹的反馈。当你知道自己取得了某些成绩时，不要寻求反馈，而要在知道自己还有很大的进步空间时寻求反馈。这有点儿像激进的暴露疗法，目的是让你变得百毒不侵。你可能会觉得自己的肚子被狠狠踹了一脚，但我保证，你这样做了以后，你很快就会发现，批评性的反馈并不像你想象的那么伤人，你最终会形成一个好的习惯：“我现在真的很喜欢得到批评，因为它给我指明了自己面临的下一个挑战。”

不久前，我在一场集会上发表了一次演讲，我的讲话顺序刚好排在我在竞选公职中输给的那位女士之后。她恰好是一位出色的演说家，知道如何煽动听众。当时外面大雨倾盆，我的儿子整天都在穿我的外套来引起我的注意，而我又因为长途旅行而特别疲惫。说实话，我曾多次做过公开演讲，有时根本没有多想自己要讲些什么。当时我想：“会没事的，我能应付的。”演讲结束之后，我和丈夫上了车，问他我讲得如何。他看了我一眼，说道："你讲得有点儿烂。"

嗯？什么？

他说："如果满分是10分的话，你只能得2分，最多3分。"（你可以看得出，我们俩人之间没有任何隔阂）

说实话，在那一刻，我俩之间稳固的爱情并没有让我感觉良好——尤其是（面对这个我在选举中输给的女人）这件事已经触到我的痛处了。不过，我还是很感激他的诚实。如果他虚情假意，说我讲得很好，而实际上我讲得并不好，这对我又有什么好处呢？在那之后的几个星期里，我一直在努力思考自己是如何沉浸在公众演讲的舒适区的，以及我如何才能在集会上表现得更出色。我现在很高兴，因为我意识到即使自己处于巅峰时期，仍然可以（而且必须）找到改进的方法。

这一策略的关键不只是忍受批评，而且还要在任何时候、任何地方，从每个人那里积极地寻求批评，尤其是当你不想听到批评的时候。最近，我在4 000个观众面前做了一次演讲，结果赢得了全场起立鼓掌。我感觉很棒，不想让任何事情破坏这种感觉，但我还是要求自己的员工批评我。为什么？因为即使是最出色的演讲也可以做得更好。我甚至在个人生活中也这样做：在和丈夫吵完架，等两人气都消了之后，我会问他，我怎样才能更好地和他沟通。

畅销书《坚毅》的作者安杰拉·达克沃斯认为，接受批评的勇气是培养勇气的四个关键因素之一。那些勇敢者总是在寻求进步，所以他们会问：“我做得怎么样？”安杰拉以优秀的运动员为例。想想像迈克尔·乔丹或迈克尔·菲尔普斯这样的人：他们是如何做到那么优秀的？首先，他们全身心地投入到自己想要改进和提高的事情中，然后不断地练习……练习……百分百地专注。但另一个关键因素是，他们征求批评意见，因为他们有勇气面对这样一个事实：他们并不是完美的，并且有勇气去问别人自己在哪些方面做得不够理想，所以他们才能不断进步，变得更优秀。他们一直在保持自己的领先优势，并且全身心投入其中。

当你把自己推到舒适区之外，并努力提高自己时，你就会开足马力，全力以赴。此时你就进入了一种被称为“心流”的神奇心理状态。达到这种幸福状态的秘诀之一是鼓起勇气倾听反馈，因为这样会引导你进入下一个有待改进的领域，然后再下一个，再下一个，持续不断。你这样做得越多，事情就变得越容易，你也就会更快地从感受批评之痛转变为心怀感激、正能量爆棚。

欢迎别人的批评能让你发现自己的不足之处，并对此产生包容之心。先是包容，然后是接受，再然后就是快乐。信不信由你。

方法：习惯被拒绝

男性不会被失败所控制，因为他们从小就学会甩掉失败继续前进（比如：从攀爬架上掉下来，进行科学实验结果失败了，邀请女孩约会结果被拒绝了……），他们所经历的失败和拒绝往往会让大多数女性只有羡慕的份儿。我们接受的“完美女孩”的培养方式让我们身处安全之地，远离被拒绝和失败的痛苦。但正如大家所知，这也削弱了我们成年后的抗挫能力。重塑我们的抗挫能力，摆脱拒绝和失败带来的痛苦的方法，是将拒绝和失败常态化。

当沙恩还是个婴儿的时候，儿科医生就告诉我们不要过度使用洗手液，要让他接触尽可能多的细菌，以此增强他的免疫力。同样道理，我们也可以让自己屡遭拒绝，以此增强免疫力。换句话说，不要害怕被拒绝——要习惯被拒绝！

现在，我的冰箱上还贴着耶鲁法学院当初拒绝录取我的通知书，就贴在社区委员会的拒绝信旁边。如果把它们一丢了之，它们仍会对我产生很大的影响。然而，藐视地盯着它们，却能让我重返驾驶席，掌握控制权——它们每天都提醒我要勇敢，要继续前进。

经历的拒绝越多，我就越不害怕。实话实说，我心中总有一股“活得精彩就是最好的复仇”的暗流在涌动。我梦想有一天能让拒绝我的那些人看到我的成就，这给了我更多前进的动力。

你可以向世人骄傲地展示自己遭到的拒绝，因为它们是你勇敢的标志。你可以谈论你遭到的拒绝、经历的错误和失败，并且邀请你的朋友和同事也这样做。尽你所能多读一些关于名人和成功人士的故事，他们都经历过失败。比如斯蒂芬妮·梅耶尔，她为《暮光之城》撰写的手稿在找到买家之前被20家出版商拒绝过；再比如史蒂夫·乔布斯，他很早之前就被苹果公司解雇了。他们经历的挫折没有摧毁他们，你经历的挫折也不会摧毁你。事实上，挫折会赋予你自由。

方法：和焦虑对抗，只战不逃

感到恐惧的有趣之处在于，99%的时候，它都是一个错误的警报。我们神经系统存在的目的是为了保护我们免受劫掠者的伤害，所以每当我们感到害怕时，我们的大脑就会认为我们即将受到攻击，并发出信号，告诉我们赶紧逃命。

当然，问题是你的神经系统分不清感知到的危险和真正的危险之间的区别。你的心脏可能怦怦直跳，你的手掌可能出汗——这是身体发出的清晰信号，表明你处于危险之中，但实际上，勇敢地面对上司不会要了你的命。我们担心的世界末日几乎不会发生。如果你的朋友出院后，你忘了打电话问候，她不太可能从此就和你断绝关系；如果你开会迟到了，你也可能不会因此丢掉工作；如果你不小心把一封批评孩子老师的电子邮件发给了老师本人（而不是发给你丈夫），孩子的未来也不可能从此就被毁掉（没错，我就曾这样做过，但沙恩并没有因此受到挤兑）。

在我们被迫追求完美的过程中，任何细微的瑕疵或错误都会触发警报，让我们逃之夭夭。我们要做的是锻炼自己，让自己认识到，大多数时候我们应该忽视这种警报，因为它不是真正危险的信号——追赶你的不是凶猛的老虎，而是你当前的焦虑。

我喜欢梅雷迪思·格罗斯曼医生给自己病人的建议：你的做法要与焦虑告诉你的做法相反。焦虑总是会尖叫着让你快跑、躲藏和潜逃。所以不要这样做！如果它让你不去参加社交活动，因为你会觉得太尴尬，那就去参加吧；如果它要求你在准婆婆来之前花几个小时把你的公寓打扫干净，那就简单地打扫一下吧；如果它告诉你要不惜一切代价避免当众出丑，那就在你的社交平台上胡写一气，然后发布出来。老实说，你会有一种如释重负的感觉，因为你会发现根本没人关心这件事。退一万步讲，即便真的有人很关心，那又有什么关系呢？

寻找任何让你感到不舒服的地方，然后到那里去。迟到十分钟，没关系，无须再三道歉；发送一封无关紧要的电子邮件，不要在乎里面的语法错误；穿一件有污渍的衬衫，离家时不一定非要让自己看起来完美无瑕；早上穿裙子的时候不一定非要刮净腿毛。告诉朋友你感到不安全。不强求完美不一定非要表现得格格不入或傲慢无礼。你不需要跟自己的老板对着干或者在公共场合表现得一团糟。相反，你要小处入手，以较低的风险锻炼不完美，这样你就会发现自己确实能够承受压力。我们通过所有这些不起眼的行为，证明我们的焦虑并不可靠。这些行为可以积少成多，为接受更大、更多的不完美铺平道路。反过来，这又为勇敢打开了大门。

方法：不放弃，不拖延

当我们产生一个绝妙的主意时，通常会这样想：

> 哇，那太好了。
> 我应该这么做。
> 我一定要这么做！
> 等等，但如果……？
> 我不知道如何……
> 我不能……
> 这可能是个愚蠢的主意。

几乎每当产生一个绝妙的主意时，你的脑海中就开始出现那种讨厌的声音，喋喋不休地陈述着各种理由：你不应该这样做，这样做可能会出现问题，你可能会失败，这样做会让你看起来狂妄自大，万一失败你会颜面扫地等等。等听完这些絮叨，你已经说服自己放弃尝试了。

要想让那个烦人的声音闭嘴，你只需开始行动起来！

不管是经营公司还是当上妈妈，如果你一点儿也不了解完成这份工作所需要的知识，那也没有关系，因为大多数人都没有相关的知识。说实话，我不是在开玩笑。人们通常是边做边学。不知道怎么换尿布？你会学会的。不知道如何管理 30 名员工？你会想出办法来的。人们总是这样的，不是吗？

无论从哪方面来看，我似乎都不应该创办“编程女孩”这一组织。别忘了，我之前根本不知道如何编写代码，从未在技术行业工作过，也没有创办过非营利组织。但在竞选活动期间参观科技课堂时，我没有看到一个女孩的面孔，这让我久久无法释怀。所以我打了几个电话，向一些我信任的人征求建议。又向另外一些人征求意见，人数越来越多。我花了一年的时间和所有我认识的人见面，了解科技行业和女孩的教育情况。今天，“编程女孩”已经发展成了一个全球性的组织，已经让 9 万多名女生掌握了在科技领域工作的能力。但你不要自然而然地认为该组织的创始人从一开始就知道自己在做什么。

塞西尔·理查兹是美国计划生育协会令人尊敬的前主席，但当初她几乎没有想要申请这个职位。她说，她的自我怀疑不断提醒着她，她从来没有做过这么大的事情。她有一份长长的清单，上面列着所有她不知道如何去做的各种事项。但是，正如她所说的，“最终我还是去尝试了。如果你非要等到万事俱备，那什么都晚了”。

等下次你有类似的想法或项目时，不要劝说自己放弃，也不要将其推迟到“明天”，而是应当立即从小处开始着手：打个电话，购买网址（URL），写下开篇的第一段，安排与人会面，征求你信任的那些人的意见。你不必一下子解决所有的问题。直到最近，我还非常害怕骑车下山。每到一座大山前，我都会选择不骑行，然后就会感觉很糟。后来我自省了一下，发现是昔日的完美主义思想在作祟：如果要骑自行车，那就一定要骑得完美才行！但说真的，我为什么要爬这么高的山呢？为什么我不能从一个小斜坡开始，掌握骑行技术之后再从这里开始挑战更陡的斜坡呢？

你无须等到自己“准备好”才开始。正如塞西尔·理查兹所说，如果你在等待星星完美地排成一线，那么你将永远等待下去。你永远不会有完美的简历、经历、育儿安排或衣橱。生活中没有完美的开始时刻，正如没有完美的你我一样。

先学会在小山坡上骑行，让能量朝正确的方向发展，然后看看它会去往哪里。最坏的结果就是你摔倒了。但那又怎样？如果不迈出第一步，那你就会一直对自己错过的景色耿耿于怀。在尝试中跌倒比从来没有尝试要好得多。

方法：选择失败

是的，你没看错。我希望你选择失败——或者至少是失败的可能性。

在初创企业领域中，如果你没有经历过至少一次重大的失败，别人是不会把你当回事的。硅谷的非官方格言是“早失败，常失败”。几乎没有人在第一次、第二次，或者第三次就创业成功。失败已融入创新过程之中。在这一过程中，我们将了解哪些做法无效，这样就能把全部注意力集中在有效的做法上。这就是商界对特斯拉创始人、亿万富翁埃隆·马斯克等人的一系列失败充满崇敬之情的原因。埃隆·马斯克曾是自己公司的首席执行官，后来因公司内斗被逐出公司，度蜜月期间又被在线支付平台贝宝公司解雇，他还不得不接受太空探索技术公司（Space X）的多次惨重失误。失败表明你已经具备了管理执行能力、随机应变能力、抗崩溃能力，以及强大的自我重生能力。

我们大多数人都善于权衡利弊。我认识一位从事自由职业的女士，她花了好几天的时间讨论是否应该接受某个项目（在这个过程中，她的大多数朋友都快疯掉了）。当我们仔细分析后，发现有可能会失败时，我们就会排除这个选项。我们接受的完美教育要求我们去寻找成功的保证，否则不如干脆放弃。最近，我接到很多女性打来的电话，她们正在考虑竞选公职，于是向我寻求建议。我总是告诉她们要努力去争取，即使获胜的机会很渺茫——因为战斗的价值才是最重要的。

在成为参议员之前，伊丽莎白·沃伦是哈佛大学一名法学教授和破产问题专家，后来成为维权人士。从 1995 年开始，她参与了一场具有里程碑意义的运动，旨在阻止拟议中的立法，该立法试图阻止陷入财务危机的工薪阶层家庭申请破产。尽管她在领导这一历史上最大的游说团体的过程中付出了巨大的努力，但当 2005 年该立法通过时，他们输掉了长达十年的斗争。

但是，正如参议员沃伦所说，她并不后悔自己参加了这场斗争。现在，她正领导着修改美国医疗体系的斗争，她把早期的失败视作是无价的经验。通过那段经历，她学会了如何有效地为自己的信仰而战，她不仅结交了强大的盟友，还酝酿出了重要的新想法——其中一个想法最终演变成为了美国消费者金融保护局。那次失败帮助她磨炼了自己的声音，增强了自己的勇气。

所以，我们可以和往常一样继续行动，进行风险测算。只是下一次，即使风险看起来极高，你也无论如何要去做（当然，只要它不会让你或其他任何人处于严重的危险之中就可以）。我保证，失败不会击垮你。在内心深处，你也知道这一点：这是你向自己证明勇敢的机会。

方法：尝试做自己不擅长的事

我还记得自己第一次尝试对我来说并不容易的事情。那是在六年级的体育课上，我试着做侧手翻。其他女同学似乎都能轻松地把她们修长的腿翘到空中，完成一个漂亮、优雅的旋转。但我不是一个瘦小孩，笨拙的动作更像是在玩跳蛙，而不是侧手翻。当我站起来的时候，看到同学们笑得前仰后合，其中一个很讨大家喜欢的女孩还在嘲笑我："她真可怜！"我羞耻得满脸通红，当场决定那是我一生中第一个也是最后一个侧手翻。

即使是今天，42 岁的我如果不能把某件事做得干净漂亮，那种强烈的羞耻感还会悄然而至——尤其是当我把自己和那些更能干的人进行比较时。就在今天早上，我去上动感单车课，发现我的动作不如旁边骑单车的那个女人漂亮，我便立刻开始批评自己。我的感觉很糟，甚至想放弃。但我没有这么做，主要是因为我决心抓住每一次机会锻炼自己的"勇敢肌肉"（还有一点是因为我想保持自己的臀部线条）。无论是在健身课上，还是在科技领域最杰出的人士面前演讲，当我感到不知所措时，我都不会退缩，不会打退堂鼓，也不会躲避——即使我想这样做。

做自己不擅长的事情是容忍不完美的另一种方式，它能够重拾被完美扼杀的快乐。我认识一位名叫伊娃的女士，她告诉我，多年来，她一直把自己说成是个“糟得不能再糟的厨子”——几乎所有她想做的东西最后都做煳了，或者难吃得要命。她灰心丧气，毫无成就感，于是彻底放弃了下厨。这种情况一直持续到她当了妈妈之后——5 岁的女儿问她是否可以为学校的烘焙义卖自制一些巧克力糕饼。结果，这娘儿俩做的巧克力糕饼有点儿像糊糊，没有做熟。但对伊娃来说，这是值得的，因为她至今还记得那天和女儿开心地笑着，快乐地舔着搅拌器上的面糊。

摸索尝试新事物带来的不仅是欢乐，它也会让你的大脑变得更敏捷。我们真的可以重构我们的大脑和我们的能力，这反过来又提升了我们对自己能力的认知。一项针对伦敦出租车司机的著名研究表明，学习 25 000 条城市街道的布局可以显著增加大脑控制空间记忆的区域。但你无须承受如此巨大的学习曲线才能从中受益。研究表明，只需练习两次新任务，脑灰质就会增加。

如果你是个差劲的厨师，那就多做饭（而不是打电话叫外卖）；如果你协调性不好，那就去参加体能训练或舞蹈课（参见下一节“挑战生理极限”）；如果你双手配合不好，那就试着画画或编织；如果你还摆脱不了“我数学不好”的心理障碍，那就去学编程吧。相信我，没有什么比编程更能教会你容忍错误了！

也许是时候再来一次侧手翻了。

方法：挑战生理极限

当时我被搞糊涂了。在和我召集起来讨论完美与勇敢的第七组女性坐在一起时，我发现这些女性说的一切都与我听到的其他观点不一致。当我提起被拒绝的话题时，她们说自己可以对此不予理睬，不会把拒绝当成是针对个人的。那有关失败的话题呢？同样，对她们来说这没什么大不了的，因为胜败乃兵家常事。对冒险的恐惧呢？这些女人并不感到怎么害怕，因为最坏的情况就是搞砸了、失败了，大不了再试一次。

然后，我突然明白了其中的原委——这群特殊的女性都在从事各种各样的健身行业，其中有健身教练、健身模特、全国性体育俱乐部连锁店的首席执行官，她们中的每一个人都是运动员出身。当我问起运动给她们带来的影响时，她们毫不犹豫地说，从小参加体育运动的经历赋予了她们一种坚韧不拔的精神。

事实证明，当一个人的身体强壮了，他的勇气也会增强。体育运动已经被证明是女孩们建立自尊、回避完美女孩培养方式的宝贵途径。无论是在田径赛场上还是在球场上，这些场合都不需要你表现得听话、礼貌、甜美、随和，也无须保持整洁和干净。这里的人们表现出的是坚定自信、争强好胜、高亢振奋。他们不怕脏累，不会退缩，无须为自己的天赋道歉。他们坦诚相待，直来直去，一心只为打造一个团结的队伍。事实证明，一个人即使只掌握一项体育活动，也能极大地增强他的勇气。去年夏天，15岁的侄女玛雅来看我们，想让我们跟她一起学冲浪。我讨厌冷水（任何低于30摄氏度的水对我来说都是冷水），我有没有说过我不会游泳？但是，因为我已经很长时间没有做过任何舒适区之外的事情了，所以我说："没问题，我们去学冲浪吧。"我需要激励一下自己。

那天早上醒来的时候，我感到非常兴奋，因为我就要尝试一些陌生而可怕的事情了。到达海滩后，我穿上潜水衣，感觉自己有点儿生猛。我喜欢冲浪者那种桀骜不驯的表现，因为我通常过于因循守旧。我们在海滩上接受了简短的指导，一切都进行得很顺利，直到我不得不下水的那一刻。突然间，我吓得魂不附体，不断问我的教练约翰一个人在冲浪时可能会有哪些死法。我想这样一来他就不得不把我带回海滩，没想到他根本没同意。

最终，我还是走进水里，开始扑腾起来。接下来的挑战是跳上冲浪板，结果我一次又一次地掉进水里，我感觉生气、恼火又沮丧，我的鼻子、眼睛被盐水浸透，疼痛难忍……但我一直坚持着。海浪不停地拍打着我，但我挺住了。约翰不停地鼓励我，说我做得"太棒了！"说实话，我可没感觉有多棒。我其实很想放弃。

我偶尔向左边看了看我的侄女，她是一名运动员，当然也是一名天生的冲浪高手。然后我向右一看——我不骗你，我发现8

岁的儿子正在他的冲浪板上做倒立。我觉得自己像个傻瓜！我浑身发抖，嘴里骂骂咧咧，拼命抓着冲浪板。我对自己说："加油，拉什玛！这简直太荒唐可笑了。你解决过比这还难的问题！"已经到了这一步了，我不会就这样离开大海的，除非我学会了如何登上那块冲浪板。

当下一个浪头袭来的时候，我两只脚跳了起来，站到冲浪板上，坚持了大约10秒钟，然后才掉了下去。这感觉太棒了！我又试了5次，虽然在冲浪板上停留的时间从未超过10秒钟，但我不在乎。

我还会再去尝试吗？肯定的！我喜欢这个挑战，也喜欢对我来说来之不易的感受。事实上，我真心想弄清楚如何克服我心中的恐惧障碍。这是一次奇妙的经历，并不是因为我终于跳上了那块冲浪板，而是因为我没有放弃。我从未感受到如此自由和快乐！

你不需要尝试冲浪来获得同样的动力——任何生理方面的勇敢行为都会让你达到目的，只要这种行为既具有挑战性又超出了你的舒适区。例如，参加5公里长跑，骑自行车旅行，徒步爬山，砍柴，学滑冰，尝试室内攀岩，参加尊巴舞班……什么让你感到最害怕，什么就是你最需要尝试的。即使你小时候只顾读书没有充分运动，缺乏手眼协调能力（这两样我都是），现在行动都不晚。

相信我，如果连我都能跳上冲浪板，那么对你而言，一切皆有可能。

方法：自己动手，丰衣足食

每当沙恩得到一个需要组装的新玩具时，我的第一反应就是让我丈夫去帮忙。即使我打开包装盒开始组装，也会马上变得十分沮丧，因为这些玩具大都需要花很长时间才能弄明白怎么组装。这又与完美女孩的培养有关……如果不能马上做好，那就干脆不做。

迪米特里也是如此。她在科技行业工作，但如果她的笔记本电脑坏了，她会立即向男友寻求技术支持，而不是自己动手修理。凯特是一位非常能干的单身妈妈，但她告诉我，只要家里的电器坏了，她就会感到束手无策。她说："仿佛我一下子变成了20世纪50年代的家庭主妇。"

这类任务之所以成为男性的领地，部分原因在于我们对女性能够和应该做什么的态度陈旧过时；部分原因在于，作为女性，我们从未被教导过如何去面对大多数机械任务带来的挫折和挑战。毕竟，我们的社会鼓励男孩大胆尝试——即使任务非常复杂，却让女孩置身事外，所以大多数女性从来没有真正被要求去解决这类问题。这与我们在编程课上看到的现象相同——当社会告诉女孩她们不擅长某件事时，她们就没有动力坚持下去，也就无法解决问题。久而久之，所有事情都蒙上了这样一层色彩：从组装宜家的梳妆台到驾驶手动挡汽车。我们对挫折的厌恶是如此根深蒂固，以至于我们不仅认为我们做不好这些事情——我们甚至都不想尝试！

不要做一个沉浸在烦恼中的少女，我们要利用自己的双手进行建造或修理工作，这会带给我们力量。电脑或手机死机了？不要马上让别人帮你解决问题，打电话给技术支持人员（冷静且耐心地），按照步骤来解决问题；需要安装宝宝的安全座椅，但看不懂安装说明？你可以在视频网站上找到相关教程，然后自己动手安装（提示：你可以在上面找到任何任务的教学视频）。我们要掌握一些基本常识，防止自己陷入束手无策的境地：确保你的手机里存有路边救援的电话号码，以防你的车辆抛锚（不，你丈夫或父亲的电话号码不算数）。你可以在自家房子转一转，检查一下烟雾探测器里面的电池；把家用电器的说明书收集起来，集中放在一个地方，这样你就能在出故障的时候第一时间找到它们。

我们要学会检查轮胎胎压（在轮胎没气之前）；参加一门手工课，或者报名参加木工班；学会使用电钻，在家里配备一个工具架；把你买了以后一直放在盒子里的咖啡机组装起来。

如果你在这个过程中感到沮丧，提醒自己：你此时的目标不是成功获得奖励给小女孩的小红花，而是行动本身。

第8章

不要过于在意他人的看法

去年，我受邀在一次大型科技行业会议上发言。此次会议举办前不久，从谷歌公司一位员工那里泄露出一份现在已经声名狼藉的（并且不正确的）文档，内容是关于为什么女性在生理上不适合从事技术工作。当时正赶上“Me Too”运动的第一波指控，因此这也唤起了我内心的女权主义意识。当时我猜想，会议举办方希望我就女孩和编程做一个振奋人心的愉快演讲，但我觉得我们正处在一个非常重要的时刻，不能忽视我们周围正在发生的事情。所以，我走上讲台，侃侃而谈，告诉大家光教女孩编程还是不够的。为了公平竞争，硅谷需要从根本上改变其性别歧视文化和态度。

演讲结束之后，我并没有听到明显的反对声，但也绝对没有雷鸣般的掌声。之后，本来应有的问答环节也被莫名其妙地取消了。很明显，这次活动的组织者对我并不满意，他们认为我演讲的内容不合适，我给人的印象是义愤填膺的（呵呵，我才不在乎呢）。我想说的是，他们明年极有可能不会邀请我再来做演讲了。

在随后的几天里，我很难过，也很恼火，因为他们想要迫使我就范。我对这种消极的、借故生端的排挤行为感到愤愤不平，觉得这是他们对我敢于做一个愤怒的女人的报复。更让人愤怒的是，我觉得他们永远不会因为一位男性的出格行为或直言不讳而对他进行打击报复（事实上，他们可能会对此鼓掌叫好）。最重要的是，说实话，我之所以难过恼火，是因为他们不喜欢我。

我和我的高管培训师雷·戈戴斯谈了所发生的一切，她一语道破天机。雷对我说："问题的关键不是弄清楚他们为什么不喜欢你，或者谁对谁错，关键是你要锻炼自己接受这样一种观点：有些人理解你，也有些人不理解你……这都很正常。"

原来如此啊！

我从来没有想过：如果有人不喜欢我或不理解我，那也没关系，这只不过表明他们不是我这边的人。毕竟还有很多人理解我，他们认同我，明白我要做什么。

你越是随心所欲、率性而为，做真实的自己，你就越不在意别人对你的看法。本章介绍的方法都是一些非常有用的工具，可以帮助你消除心理障碍，无须取悦他人。具有讽刺意味的是，一旦你把自己解放出来，不再总想着讨好别人，你就为"你这边的人"——那些理解你的人扫清了道路，他们会更加名正言顺地喜欢你、认同你。

方法：足够相信自己

我们接受的"完美女孩"培养方式教育我们，殷勤随和意味着我们会同意接受别人的建议，即使我们内心深处知道这不是我们想要的。我们会接受自己不太认同的建议，会购买朋友建议我们必须购买的昂贵的鞋子（尽管我们买不起，或者心中清楚我们永远也不会穿），会按照老板的意志同客户沟通，即使我们对此不以为然——所有这一切通常是因为同意别人的观点操作起来更简单，而拒绝别人更容易伤害对方的感情。

在演艺生涯的早期，女演员布丽姬特·莫伊纳汉在为一个重要角色试镜时，她在表演课上认识的一个男生主动提出来帮助她。他给她的每一点反馈都让她觉得不对，但他已经成功地得到了角色，所以她觉得这名男生知道自己在做什么，于是就听从了他的指导，但布丽姬特最终没有得到这个角色。布丽姬特后来说道："那次经历对我来说是个转折点，改变了我对信任的看法。我认为，信任自己是勇敢的关键因素。你必须相信自己，无论是扮演一个角色，还是再次坠入爱河，即使你已经伤痕累累。你必须相信自己会没事的，必须相信自己有能力应对一切。你需要足够的勇气去相信自己，知道即使失败了也能够继续生存下去。"

这个方法很微妙，但至关重要，它需要你真正关注自己的内心，问问自己是否只是为了迎合别人才说"是"，还要搞清楚自己什么时候能把决策权拱手交给他人。不理会别人的要求，听从自己的直觉，这是一种重要的勇敢行为。

方法：坦诚直率，多关注自己

在乎别人对自己的看法是一种习惯。通常，我们对得到他人认可的渴望根深蒂固，以至于我们意识不到自己的许多选择和行为都与这种渴望息息相关。打破这种习惯的方法之一是留意那些不管别人怎么想都能率性而为的女性的故事。

换句话说：我们需要有意识地寻找那些“天不怕地不怕”的生猛而典型的女性的例子。

我一有机会就寻找类似的故事——从新闻中，从朋友或同事给我讲的故事中，从我读的书中。我会把这些故事收集起来，不但记在脑子里，而且以书面形式建立档案，以此激励自己。这其实做起来并不难，因为环顾四周，你就会发现，每天都有很多这样的例子。我永远都不会忘记20世纪80年代观看麦当娜演出时产生的敬畏之情——当时她表现得十分霸气，天不怕地不怕，在舞台上尽情摇摆；我也永远都不会忘记2016年观看碧昂丝在超级碗比赛中场演出时受到的震撼——当时她指挥头戴黑豹党贝雷帽的舞者列队，做出致敬黑人权利的手势。单口喜剧演员艾米·舒默经常说，她想说什么就说什么，不管内容多么雷人。弗兰西斯·麦克多蒙德打破了好莱坞的常规做法，她没有打扮得光鲜亮丽，而是头发凌乱、素颜出席，泰然自若地领取了2018年金球奖最佳女演员奖；之后还发表了一场言辞激烈的奥斯卡获奖感言，支持她所在行业中的女性。在众议院金融服务委员会举行的听证会上，国会女议员玛克辛·沃特斯拒绝接受财政部长史蒂夫·姆努钦的奉承，不让他回避自己的质询，而是强烈要求对方回答问题，并尖锐地指出这是自己的“抗辩时间”。2015年伦敦马拉松赛上，基兰·甘地的举动震惊了全世界。她在生理期参赛，全程未用卫生棉条，任由经血从下身流淌出来，以此反对对女性身体构造的性别歧视。凯特琳·詹纳爆料了十项全能冠军布鲁斯·詹纳的秘密，并在《名利场》杂志的封面上自豪地公开了自己的真实性别身份。就像我说的，这些都是天不怕地不怕的行为。

此外，还有不屈不挠的海伦·米伦爵士。她以其惊人的坦率而闻名。当一位记者问她，她会给年轻时的自己什么建议时，她回答说，不要老是一副“谦谦淑女”的样子，要敢于经常说“管它呢”。

你不必赞同这些女性，甚至不必喜欢她们（即便你不喜欢她们，她们也不在乎），但你必须佩服她们，因为她们更关心的是自己看重的事情，而不是别人的想法。

我们要养成一种习惯，去寻找那些不在乎别人怎么想的女性。这是一种有效的方法，可以训练你的大脑，让它少在乎别人的想法，多关注自己的想法。

方法：质疑你的假设，减少无端恐惧

深切渴望被别人喜欢完全是人类的天性使然，这是史前时代遗留下来的产物，当时，被氏族接受（并因此受到保护）决定着你的生死。然而，在21世纪的今天，你的生存几乎不会因为有人不认同你而受到威胁。那么，女性究竟为什么如此迫切地需要被人喜欢呢？

至于我们为什么需要别人喜欢我们，每个人都有自己的原因，但所有这些原因都是由我们的恐惧心理造成的，我们不知道万一别人不喜欢我们怎么办。你可以想一个在你生活中最在意别人看法的领域（提示：你在这一领域中通常会委曲求全，努力表现得友好、有趣、随和，或者在本想尖叫的时候面露微笑）。这一领域可能涉及你的工作、你与子女学校老师的关系、你与姻亲或继子继女之间的关系、你与员工或领导之间的关系，或者你的恋爱或友谊关系。

你想好了吗？很好。现在问问你自己："如果这个人/这些人不喜欢我，那么我到底担心会发生什么呢？"例如，"我担心如果幼儿园的老师不喜欢我，那么我儿子就不会被老师邀请参加集体活动"，或者"如果我的员工认为我没什么了不起的，他们就不会像往常一样努力工作"。

现在，我们进一步思考一下，设想形势每况愈下，我们不断地问自己："然后呢？"例如：

> 我担心如果我告诉我男朋友我生气了，他会很恼火。
>
> 那么你担心会发生什么呢？
>
> 他会和我分手的。
>
> 然后呢？
>
> 我就成了单身狗。
>
> 然后呢？
>
> 我可能再也遇不到合适的人，可能会孤独终老。

我的天！大家看看，我们多么能无中生有，随便几下就把自己抛进耻辱、毁灭和孤独终生的黑暗虚无之中？！

下面是一些女性与我分享的另外几个生活中的心理崩溃过程：

> 我担心如果幼儿园的阿姨们不喜欢我，那我儿子就不会被邀请参加集体活动。
>
> 然后呢？
>
> 他会没有朋友。
>
> 然后呢？
>
> 他的童年会很悲惨的。

然后呢？

到他十几岁的时候，他可能吸毒，也可能抑郁。

如果我因为同事们开性别歧视的玩笑就大声抗议，我就是“那个被歧视的女人”。

然后呢？

没有人愿意和我一起工作。

然后呢？

我会丢掉工作。

然后呢？

我会身无分文，流离失所。

你自己也可以看到这种“要么讨人喜欢，要么让人唾弃”的思维模式的影响是多么深远，更重要的是，你想象出的最糟糕的情况其实非常荒谬可笑。老实说，如果你告诉男友你很生气，他真的会甩了你吗？即使他这么做了（除非他是个不值得你浪费时间的蠢蛋），这真的意味着你会孤独终老吗？如果幼儿园阿姨不喜欢你，你儿子真的就会受到排斥吗？即便如此，他真的会因为没有和幼儿园的其他孩子一起玩影响心理健康吗？

所有这些都是基于对“别人不喜欢我们”的假设，而我们却接受了自己杜撰出来的结果。我们需要质疑这些结果是否真实。

深入研究这些场景可以帮助你减轻过度的恐惧，实事求是地看待问题，不再无端地感到恐惧。

注意，我不是说永远不会有不良后果出现。如果你的男朋友是个混蛋，那么他可能真的会甩了你；如果你的工作环境真的存在性别歧视，你大声抗议，那就有可能被要求离职。不过，面对所有这些最糟糕的情况，你可以再问问自己：然后呢？

你会继续活下去，并能够找到理解你的人。生活就是这样。

方法：懂得拒绝，学会说“不”

我真的很难拒绝别人，因为我不想让人们觉得我傲慢自负，或者认为我吝啬小气或忘恩负义。我刚开始创办“编程女孩”这一组织的时候，这个行业里的一个女强人对我态度极差，所以从那天起，我就对自己发誓：己所不欲，勿施于人。

所以，现在我在工作中总是说“是”——我会永远对那些想占用我几分钟时间征求意见的人提供帮助。我同意到半个地球之外的地方去演讲，即使这意味着我会精疲力竭；我也会同意与朋友的朋友进行考察性会谈，即使我可以委派团队中的某个人参加。可能与你一样，这种事情消耗了我的时间和精力，让我精疲力竭。这也是我正在努力改变的一点。

说“不”需要勇气，尤其是当别人希望或期待你说“是”的时候。雷·戈戴斯说，这是一个女人能做的最勇敢的事情。我完全同意她的说法。所有有关“完美女孩”的倾向都与对他人的要求说“是”或“不是”紧密相连：要乐于助人，要友善，要无私，要把别人的需求放在自己的需求之上。

我已经学会了把说“不”看作是一种价值计算。我曾问自己：“对我来说，最重要的是什么？什么与我的目标一致？”这帮助我找到了帮助别人和不损害自己之间的界限。还记得在第6章我们提到的问自己“哪种结果更让我害怕”吗？那也是一种价值计算。只不过在这里，问题变成了：“我放弃/不答应做什么？哪件事对我更重要？”

我生命中最重要的两件事是我的家庭和我尽力改变世界的愿望。所以我努力——我这里之所以强调努力，是因为目前我依然在进行中——做出有利于这两件最重要的事情的选择，对没有明显益处的事情说“不”。当我对那些与我成为一个贤妻良母的目标相一致的活动或能推动公司议程的会议说“是”时，我会感到兴奋，充满活力和快乐。但当一天过去，我发现自己将大部分时间都花在了只对别人很重要的事情上，我就会感到疲惫和暴躁。我们都有过这样的感觉：在漫长的一天之后回到家，感觉自己被别人的日程安排压得喘不过气来，却忽视了自己的日程，于是感到恼火。但这样也有好处，至少我们可以基于这样的经历做出更好的选择，比如第二天该对哪些事情说“是”，对哪些事情说

“不”，该把时间和精力花在谁身上，等等。

最近，我收到一位女士的电子邮件，邀请我参加她组织的一次活动。我不认识她，她是通过我们共同参加的一个专业组织知道我的名字的。收到她的邮件的时候，我正忙于工作和其他事情，分身乏术，没有机会回复。然后我收到了她的后续邮件，全是用大写字母写的（相当于歇斯底里的呐喊了）。她在邮件里告诉我，她对我没能出席活动感到十分失望，并断言说我打破了我们所属团体的某些不成文的规则。读到这封邮件的时候，我满脑子想的都是，如果 5 年前受到类似的训斥，我会因羞耻和内疚而感到寝食难安。并不是说我现在喜欢被人辱骂，而是在我努力变得足够勇敢时，我会优先考虑自己的计划，所以我不再太在乎这种事情了。

说实话，一开始说“不”很难，这是我们在变得勇敢的道路上面临的最大挑战之一，但这也是最令人欣慰的。把自己和自己的生活放在优先考虑的事情之列，而不是为了故意讨好别人，这极大地体现了个人自主权。

方法：敢于提出自己的合理要求

很多人一想到自己要提出要求就会感到很痛苦。我们这些完美的女孩一想到自己可能会显得固执、多事、苛刻、讨厌、自以为是或咄咄逼人，就会感到恐惧，因为这些都不是“讨人喜欢的”品质。但你的人生不是用来取悦别人的，而是来锻炼自己的“勇敢肌肉”的。所以，是时候养成提出要求的习惯了。

你一开始可以从小处入手，每天提出一个略微超出自己舒适区的要求：如果给你端上来的食物是凉的，你可以要求服务员把它拿回厨房加热；你可以要求某个同事花几分钟仔细读一下你正在起草的文件，并提出一些想法；你可以请一位朋友开车送你去机场（你找的这个朋友应当是能答应你的要求的那种人）；你可以邀请你想了解的某个人一起喝杯咖啡。如果你担心自己的要求会让对方觉得你有些过分，那就不要提这样的要求。研究表明，人们通常会认为自己比较固执，但别人却不这么看。所以，你自认为的“固执”在别人眼里可能属于正常表现。

然后，你可以再向更重要的事情发展：讨价还价，争取更便宜的购车价格；争取一份美差；要求自己的配偶停止做让你抓狂的事情；要求与你心仪的导师见面；要求得到在工作中灵活处理问题的权利。

下面是我学到的一些技巧，可以让我们的要求变得更简单、更有效：

- **用“我”开始你的要求。**例如：“我将不胜感激，如果你能看一下这份报告。”或者：“我想请你在方便的时间喝杯咖啡。”这样说会让你掌握主动权。

- **直截了当，明确提出要求。**不要拐弯抹角，也不要让对方猜你的要求。

- **语气要礼貌谦恭。**这是力量的象征，并不代表软弱。说“请”和“谢谢”显示的是优雅和风度。

- **如果你容易紧张，那就提前练习你想说的话。**这样你就不会显得笨嘴拙舌了。

- **不要主动退缩。**我已经记不清有多少次这样的情况了：员工向我提出要求之后，马上又撤回要求——他们会当即说道：“如果这样不行，也没关系。”你只管提出要求，然后保持沉默，让对方回答。

- **不要因为提出要求而道歉。**提要求时不要张嘴就说：“不好意思，您介意……吗？”

方法：无论如何，坚持下去

当米奇·麦康奈尔在听证会上当众蔑视参议员伊丽莎白·沃伦，并且打断她的质询时，沃伦当即命令他坐下，保持肃静。谁能想到麦康奈尔的这一举动引发了女性的集体声讨呢？并不是在所有场合男人都试图强迫女人闭嘴。正如《纽约时报》中的一篇文章所报道的那样：“学术研究和无数趣闻逸事都清楚地表明，当男性人数超过女性时，女性在大胆发言过程中被打断、被议论、被要求闭嘴或被惩罚的现象屡见不鲜。”

对此，我要说的是：那些霸道男人横行的时代已经结束了！现在是我们女性的时代！

每当你被要求保持沉默或被打断讲话的时候，那就是应该反击的时候。

每当你感到恐惧或因为害怕别人不喜欢你而不敢大声说出自己想法的时候，那就是应该反击的时候。

每当你因谦虚而掩盖自己成就的时候，那就是应该反击的时候。

每当你表现得乖巧听话、忍气吞声的时候，那就是应该反击的时候。

每当你外表保持沉默、但内心深知应该大声说出自己想法的时候，那就是应该反击的时候。

是时候大声说出你的想法了：

- **如果有什么要说的，就直接说出来。**如果你被打断，你仍要继续说下去。如果其他人让你安静，你仍要继续说下去。如果他们称你为“讨厌的女人”，你可以说声“谢谢”，然后继续说下去。切尔西·曼宁因泄露机密文件被判在军事监狱服刑7年，出狱后面临着巨大的压力，被要求闭嘴走人。

她拒绝了。对她来说，正因为每个人都告诉她不要说话，所以她才认为自己必须要开口。这位女性真的很棒！

- **夺回我们的时间**。最近我意识到，在做主题演讲或小组发言时，我经常是急匆匆地完成我的演讲，因为我不想占用其他人太多时间。我从来没有见过哪位男性在讲台或舞台上这样做——他们通常是摊开讲稿，随心所欲地站着或坐着，从不担心自己会占用他人太多时间，并且慢条斯理地喝着水。一旦开讲之后，他们就表现得悠然自得，似乎非常享受这甜蜜的时光。所以我正在努力放慢讲话的速度。让我们一起夺回我们的声音、我们的空间和我们的时间。

- **宣传自己**。研究表明，那些极力宣传自己成就的女性能更快地获得成功，赚更多的钱，总体上对自己的职业生涯也更满意。例如，在硅谷，知名度被证明是晋升的首要标准。遗憾的是，其他研究告诉我们，女性非常不愿意谈论自己的成就，因为我们有着根深蒂固的谦逊心理，有一个声音不断在我们耳边低语："不要居功……这不合适。"在这里，我们需要向男性学习，因为他们总是能肆无忌惮地到处宣扬自己的成就：完成一件大事？上网，让全世界都知道。获得晋升了？发电子邮件通知大家，并将消息提交给行业内新闻渠道，以便它们发布这一消息。我们不要过于谦逊内敛，我们也可以请其他人来分享自己的好消息。每当我敬佩和尊重的人让我宣传一下她们取得的伟大业绩时，我都非常乐意效劳。我猜你周围的人也是如此。

• **把咸柠檬水吐出来。**还记得第 1 章里的那项研究吗？在第 1 章中，女孩们因为不想让研究人员觉得难堪，于是把咸柠檬汁咽了下去。我们都是成年女性，是时候把咸柠檬水吐出来了。换句话说，当有人告诉你一些你明知是错误的事情时，你要大声说出来。如果有人试图恐吓你，让你按照他们的方式看问题，那么你一定要坚定，不能退缩。一次拍照时，一名电台主持人趁机抓了一把歌星泰勒·斯威夫特的屁股，两人因此对簿公堂。在庭审中，被告律师试图败坏她的名誉，泰勒·斯威夫特在巧妙地回答了一个又一个无礼的问题之后，她命令这名律师闭上嘴巴。我最喜欢的一个环节是：律师指出她的裙子在照片中看起来一点儿也没有被弄乱，这似乎证明了他的当事人是无辜的。她平静地回答道："那是因为我的屁股在我身体的后面。"

• **明确表明你的态度。**和很多人一样，当我读到那篇指责演员阿齐兹·安萨里没有理解约会对象的"非语言暗示"而进行性骚扰的博文时，我感到既恼火又矛盾。几乎我认识的每个女人，包括我自己，都有过这样的经历：有人说了或做了让我们感到不舒服的事情，但我们却没有说出我们的感受。从粗鲁、不恰当的语言到身体上的威胁，我们中有太多的人，就像写这个故事的那位女士一样，发现自己处于这样一种境地：某个男人强迫我们做一些我们不想做的事情，但我们却没有明确表明自己的态度。为什么她（或者我们）不起身离开呢？为什么我们（或者她）不大声说出自己的想法呢？因为从来没人教过我们该怎么做。没人告诉我们可以这么说："不，离我远点儿，这样做不合适！"或者直接说"滚蛋"。所以我在这里要告诉你的是：我们完全可以这样说，这是我们的权利。群情激昂的"Me Too"运动是几十年来压抑的挫败感和埋藏心底的羞耻感的产物。现如今，我们正手持长叉前进，争取夺回这种权利。现在，我们需要勇敢地在每一次发生此类事情时发出我们的声音。没错，是时候行动起来了。

第 9 章

互相支持，打造“团队勇敢”

2017 年，沙琳·弗拉纳根冲过终点线，成为 40 年来首位赢得纽约市马拉松比赛冠军的美国女性。她的这一壮举不仅创造了新纪录，而且让世人认识了《纽约时报》所称的“莎琳·弗拉纳根效应”：她打破了职业田径赛领域普遍存在的“每位女性都只为自己而战”的模式，把女运动员团结在一起，互相支持、互相鼓励，共同赢得比赛。由于她的努力，弗拉纳根和她的队友现在被共同列为“世界上最好的长跑运动员”，并且赢得了从马拉松到奥运会的全部奖牌。

这就是“团队勇敢”的意义。我坚信，要改变女性的整体形象，我们必须从自身做起，采取有效的方法，相互支持，相互鼓励。如果我们能鼓励彼此勇敢起来，荣辱与共，那就可以建立起牢固的姐妹情谊，从而激励我们采取更勇敢的行动。

勇敢是行动主义一种强有力的表现形式。当你冲破阻挠，凡事勇于争先——无论是赢得马拉松比赛，还是告诉某人他刚才的性别歧视言论不恰当。这就为其他女性打开了大门，她们也会这么做。我们就是这样变得越来越强大：每次采取一个“勇敢”的行动。

方法：卸下面具，展现真实的自我

在流行媒体公司 theSkimm 的办公室墙上，挂着一幅装裱好的《名利场》杂志上一篇文章的副本。文章内容是对两位创始人丹妮尔·韦斯伯格和卡莉·扎金的专题报道。在照片中，这对充满活力的千禧二人组面带微笑，看上去很随意，很专业，很冷静，也很自信。我去拜访了丹妮尔和卡莉，当谈论到女性面对的完美陷阱时，丹妮尔马上指着墙上的文章笑了起来。事实证明，尽管照片中的女性呈现出一种毫不费力就能成功的气质，但她们仍然处于“为自己的生命而战”的艰难创业模式中。事实上，不到一小时之前，她们的信用卡还被银行拒刷了。

丹妮尔说：“我最近遇到一位女性科创企业家，她说她很想‘恨’我们，因为我们让创业看起来易如反掌。我对此感到很震惊，因为这当然不是真的。如果我们悬挂的那张照片让人觉得创业容易的话，我会感到很难过，因为展示创业过程中的每一个痛苦时刻也同样重要。光鲜亮丽的工作从来都不像它的外表那么光鲜。”

世上没有不劳而获的完美。没有人醒来时就看起来完美，没有“从不吵架的”夫妻，没有任何一个孩子是完美的天使，没有人在进入高管层或登上报纸头条时不曾艰苦奋斗过，也没有人在前进的道路上没有经历过一些严重的挫折。社交媒体 Instagram

滤镜想方设法想让我们相信，每一张完美的照片都是同样完美生活的快照。但我们内心清楚得很：每个人（我是说所有人）都是不完美的。每个人都在挣扎，每个人都会犯错，每个人都会说一些蠢话，或者对孩子大喊大叫，或者忘记交季度税。每个人都有秘而不宣的小秘密——可能是身患疾病接受治疗，可能是有时压力过大暴饮暴食，也可能是有时会在工作时躲在卫生间里号啕大哭。

我们已经知道保持完美的幻想所需要付出的精力和努力，以及这种追求最终是多么空虚。勇敢的做法是让别人看到我们都是人——我们在努力，我们会犯错，我们会失败。如果我们最终能放下对完美的外表的执念，让人们看到真实的自我，又会怎样呢?

首先，它可以帮我们卸下身上沉重的盔甲——那个外壳重达一吨！展现真实的自我是巨大的解脱。

它可以让我们与他人真诚坦率地交往，而不是虚伪敷衍。如果你觉得与他人的关系能让你感到精力充沛、快乐和鼓舞，那就是没有矫饰与虚伪的关系。没有人一心想成为大人物或看起来与众不同，也没有人非要想给别人留下深刻的印象，大家都想要成为如我们本来一样纯真可爱的凡人。

展示你真实的自我可以让周围的每个人都放松下来，并且也这样做。我认识一位女性，她非常善于举办政治筹款派对，从鲜花到食物，再到她的发型和妆容，一切看起来总是那么完美无瑕。但是，如果你称赞她，感叹一切是多么完美的时候，她会马上笑着告诉你，就在大家还没到之前，那只猫曾呕吐在地毯上，或者她那件华丽的裙子是从服装租赁网站租来的。她表现得十分真实，并且保持着一种幽默感，一直在调侃如何努力地让每件事看起来都很完美。在我看来，让她成为完美主人的是那种谦逊、那种真实，而不是无可挑剔的装潢、令人咋舌的菜单或昂贵的瓷器。

不要因为羞耻而隐藏自己的错误，要自豪地表现出来。追求自己舒适区之外的事物是勇敢的表现，但让世界看到（同情或与你一起欢笑面对）自己的失败则是更勇敢的表现。无论情况如何，与人分享你的成功，但也要分享成功之前的尴尬时刻。还记得卡莉和丹妮尔在theSkimm公司里的传统做法吗？在每周一次的员工会议上，她们会把“惨痛失败”的安全帽分发给员工，让他们戴上安全帽，分享一周中最混乱、最失败的时刻。你可以借鉴这一做法，让它成为你自己的方法。我和我的员工已经开始在社交媒体上发布“失败的周五时刻”，以此作为开端……快来加入我们吧！

深呼吸，让人们看到真实的你。展现自己的弱点是勇敢的表现，因为你的真实会激发别人的真实，会为其他女性展现真实的自我铺平道路。

方法：相互支持，豁达大度

我讨厌这么说，但当女人之间互相攻击时，悍妇文化的恶毒之处可以说是体现得淋漓尽致。尽管有事例和研究证明，互相帮助对每个人都有好处。但一些女人仍然像女角斗士一样互相竞争，“巧妙地”互相拆台——通常是在背后恶意地评论、造谣、搬弄是非和搞小动作。她们在女厕所里窃窃私语，发送消极攻击的电子邮件，说些讽刺挖苦的反话，相处时表现得冷漠怠慢，发表貌似“建设性”实则尖刻恶毒的评论。

我清楚地记得影片《穿普拉达的女魔头》上映时的情景。几乎我认识的每位女性都有自己的米兰达·普里斯特利的故事——她们都曾被某个女魔头以这样或那样的方式折磨过。一位朋友在一家经纪公司得到了一份梦寐以求的工作，在那里担任助理。她的女老板（不止一次）一生气就把手机向她身上扔去。还有一个朋友在零售业工作，她的女经理为了掩饰她自己所犯的错误，在一位重要客户面前训斥我的这位朋友，而她只能目瞪口呆地待在原地。难怪大多数女性表示，她们宁愿为男性工作，也不愿为其他女性工作。

关于女性为什么会这样互相拆台、互相构陷，有很多说法。一些人一针见血地指出，这是因为职场中仍然存在着妨碍性别平等的因素。在我们所处的文化中，女性需要加倍努力才能获得一半的尊重（以及不到同等职位的男性薪水的 3/4）。因此，或许这才导致了我们试图互相打压，因为每一项优势都很重要。也许这是一种双重束缚的潜流在起作用，我们需要自信和大胆才能获得成功，但却因此遭到了谩骂和批评。有些人声称，女人天生就会相互竞争，就像我们在原始时代那样，为了赢得雄性头领的喜爱以及随之而来的保护和资源，这对生存至关重要。

但在所有这些说法背后有一点是一致的：我们害怕被其他女人超越或击败，所以我们先下手为强。我们害怕别人看到我们的不完美，所以我们一定要把别人的缺点放在聚光灯下。我们害怕与其他女性互相信任与合作，所以我们坚持“每位女性都只为自己而战”的战斗风格。当我们感到脆弱时，我们会猛烈抨击、虐待、破坏，穷尽一切手段做我们害怕其他女人会对我们做的事情。

如果我们换个角度看会怎样呢？如果我们把支持其他女性看作一种力量而不是软弱的表现呢？如果我们不那么担心自己的不完美，而是专注于提高自己的能力，并且帮助其他女性也这样做，结果会怎样呢？如果我们不是被一个强势的女人吓倒，然后在背后诋毁她，而是说如何钦佩她，结果会怎样呢？如果我们不再担心顶层没有足够的空间留给我们所有人（顺便说一句，发展空间多得是），而是不遗余力地帮助女同事或朋友发展到顶层，情况会怎样呢？如果我们不再觉得自己“不如”其他女人，而是提醒自己，我们同她们一样聪明、睿智、有价值，并邀请她们同我们一起合作，结果会怎样呢？

慷慨和勇敢是相互交织的，尤其是当女性之间彼此支持的时候。很多女性都十分清楚，追求完美的动力也会驱使我们成为最棒的那一个。但是，花时间或精力去支持其他女性是“勇敢”的表现，因为它要求你把追求比别人更好的愿望放在一边，转而帮助其他女性做得更好。

在日常生活中，我们要寻找机会激励、指导、赞扬、提升和支持其他女性。这里有一些入门之道：

- **互相夸赞**。每当你的朋友或同事取得傲人成绩的时候，做她们的啦啦队长，让全世界都知道。如果你的助理考上了研究生，在她的社交网站上留言表扬她；当某位同事升职时，给你所有的同事发一封电子邮件，邀请他们下班后一起喝酒庆祝；如果你所在行业的女性获得了某个奖项，在推特上留言祝贺她。这种支持是有感染力的，并且毫无疑问会传播开来，直到我们都明白，我们这是在打造“团队勇敢”。
- **随时分享你的勇敢行为**。激励其他女性勇敢最便捷的方法就是以身作则。如果她们能在你身上看到勇敢，她们自己也能勇敢起来。所以，与你的朋友、家人和同事分享你的勇敢行为，让她们成为你的啦啦队长。
- **引导女性勇敢**。如果你看到某位女性正努力想要表达自己的观点或努力想表现得自信，请伸出手来帮她一下。如果你能看出她对演讲感到紧张，就问她是否需要你看一下她的演讲稿，或者做她的练习听众。如果一个朋友告诉你，她很想去上舞蹈课，但又害怕出丑，那就主动提出和她一起去、一起出丑。或者，如果她告诉你，她因为害怕而迟迟没有约医生，让她答应今天就预约，并监督她做。

• **给出诚恳的反馈**。如果某位女性征求你的想法，告诉她真相，不要为了保护她的感情而对她撒善意的谎——说谎会损害你们的感情，对任何人都没有好处。但你也不必说得过于苛刻，而是要直言不讳、冷静、诚恳、尊重对方。

• **认真对待对方**。如果某位女性问你一个问题，或者征求你的建议或意见，不要对她表现得爱答不理——你永远不知道她开口问你时心中是多么害怕。不管你是否同意她的要求，都不要置之不理。我们没有一个人能因为太忙或地位太高而不能给予另一个女人应有的尊重。

• **成立一个勇敢俱乐部**。我们要向年仅十岁的艾丽丝·保罗·塔珀学习——她发起了一次女童子军饰颜片运动，鼓励全美其他女孩在课堂上举手。把你认识的女性组织起来，发起一项“勇敢”行动。大家约法三章，每天必须做一件勇敢的事，还可以建立一个聊天群分享各自每天的勇敢行为。

- **甘做中间人。**你知道谁能帮你的同事完成她正在做的项目吗？介绍他们彼此认识。你掌握的某项研究能让同事的工作做得更好？把这一研究介绍给她。我们要慷慨地分享自己的资源和人脉，不仅分享你所知道的项目，还要分享你认识的人。“老男孩”校友网络鼓励男性拥有丰富的社交网络，我们女性也需要如此。

第 10 章

劫后重生，更加强大

假如你历经劫难，一败涂地，那么欢迎你加入失败者俱乐部！这是一个没有人希望成为其中一员的俱乐部，但有时却几乎不可避免地会被邀请加入。每个人都会在某个时刻经历毁灭性的绝望——不管是选举失利，还是工作失败；不管是搞砸面试或演讲，没有进入梦寐以求的学校，还是眼睁睁地看着我们的人际关系破裂，生意或宏伟计划化为泡影。

身处绝望时，你会觉得自己永远无法恢复如初。但就像中学时令人伤心欲绝的初恋一样，当时你赌咒发誓说自己活不下去了，不管怎样，你还是活了下来。你现在所做的一切锻炼自己的“勇敢肌肉”的行为，都将有助于你渡过难关。

下面的逐步指导，将帮助你在形势发展非你所愿的情况下找到出路。

第一步：举办一个（简短的）悲情派对

在我输掉国会议员竞选的第二天早上，我独自一人在酒店房间里醒来，身上仍然穿着前一天穿过的“胜利礼服”，周围尽是原本要用来庆祝胜利的残渣碎片。我头疼欲裂，心如死灰，但最终还是设法爬了起来，回到了自己的公寓。一回到家里，我立刻把皱巴巴的衣服扔在地板上，穿上汗衫，爬上了床。在接下来的三天里，我几乎都是待在被窝里，照顾着我那伤痕累累的自尊心。我偶尔也会从被窝里爬出来，喝点儿麦汁和健怡可乐，然后又立刻回到被窝里，心不在焉地盯着电视。我觉得自己像个彻头彻尾的废物，而且很可能看起来也是如此。

最后，我终于从被窝里爬起来，关掉电视，洗头净面，痛痛快快地哭了最后一次，喝了一杯浓浓的咖啡。之后，我慢慢地开始打一些必要的电话，感谢我的支持者和捐助者——接下来的故事大家都知道了。

现在回想起来，我绝对相信，那些在悲情中沉湎的日子，和我接下来采取的所有其他步骤一样，对我的劫后重生至关重要。所以我说，给自己举办个悲情派对吧，让自己用有限的时间去哀悼所失去的东西（我通常需要三天时间才能从巨大的痛苦挫折中恢复过来）。换上自己最舒服的衣服，打电话给自己最好的女友，向她们哭诉、尖叫，疯狂刷剧，打开一瓶酒，吃完一大罐冰激凌……无论你喜欢做什么、吃什么、喝什么，尽管去做、去吃、去喝。

然后，当你准备好了的时候，站起身来，扔掉盛冰激凌的空桶，继续第二步。

第二步："庆祝"你的失败

在科学研究领域，比如硅谷，反复失败是必然的。当研究和试验成功时，数百万人的生命被救助了，机构赚到了更多的钱。但通常情况下，都是失败。

然而，这些失败仍然值得庆祝。为什么？因为正如默克公司神经科学主任所说："你为得到答案而庆祝。"即使这个答案不是你所希望的。

2013 年，渤健公司（Biogen）治疗 ALS(肌萎缩侧索硬化症，也被称为卢伽雷病）的新药前景被人看好。早期的研究结果为疾病患者带来了罕见的一线希望，因此该公司启动了最终阶段的临床试验。世界各地的患者和医生都希望并祈祷这将最终成为他们期待已久的突破。当期待已久的试验失败时，悲痛欲绝的科学家们情绪失控，痛哭流涕。

然后他们出去喝酒。

当然，我当时并不在场，但我能想象出这些杰出的男男女女怀着沉重的心情举起酒杯的情景——这不仅是对他们的失望表示同情，也是对他们一路走来所取得的成就表示敬意。我要为这个团队喝彩，因为我深知以这种方式结束是多么的重要。即使面对巨大的失败，也要庆祝所取得的不起眼的成就，因为这使我们能够坚持下去，并希望我们的努力最终会取得突破性的成功。

如果你失败了，那就意味着你尝试过了。如果你尝试过了，那就意味着你冒险了。要庆祝自己勇敢地迈出关键一步，敢于去争取成功。这是真正的勇敢，这是大写的“女人”！要拿出时间纪念一下，庆祝你得到了一个结果，即使它不是你希望的结果，因为这意味着你已经从结果中有所发现，现在可以转向下一步行动了。

第三步：学会放手，不沉溺

谷歌前员工詹姆斯·达莫尔在一份泄露的文档中称，从生物学角度讲，女性不适合从事科技行业。文档泄露后的几周，一连串的回应在电视和新闻推送中铺天盖地。我和本行业的许多女性都感到愤怒，于是我把自己的厌恶情绪转化为《纽约时报》中的一篇专栏文章，对这份文档展开了针锋相对的批驳。《纽约时报》的编辑们和我一样，对这篇文章感到非常兴奋，并计划在 8 月 13 日（周日）发表这篇文章。

8 月 12 日，星期六下午，一名白人至上主义者在美国北卡罗来纳州夏洛茨维尔的一次集会上开车撞倒抗议者，造成一名妇女死亡，数十人受伤，举国震惊。不用说，报纸专栏立即（这样做非常恰当）将焦点转向了美国令人深感不安的种族关系，我的文章也被撤下了。当然，我对此完全理解——我和其他人一样，对这些事件感到厌恶。尽管如此，我还是感到失望，因为我曾经为之努力工作、对其充满激情的作品永远不会问世了。

我坐在沙发上难受了大约半个小时（一次非常短暂的悲情派对），然后起身穿上运动鞋，出去跑步，想要甩掉这种负面情绪。

当我说“甩掉它”的时候，用的就是字面意思，指的是摆脱那种阴魂不散、阻止你前进的失望、羞耻或遗憾的情绪。研究表明，在遭受情感打击后进行体育锻炼是快速恢复的关键。所以，行动起来吧，去跑步或长时间散步，去健身房，做瑜伽。如果能和朋友们一起行动起来，效果会更好（事实证明，强大的社会关系也非常有助于平复负面情绪）。如果你不喜欢锻炼，那就去做任何能让你走出不良阴影、平复内心情绪的事情。比如做饭、烘焙、读励志书籍、冥想、花一个下午的时间陪孩子在公园里玩耍、去博物馆、看电影、听音乐会。

做这些事情能让一切突然变得完美起来吗？不，当然不能。但它会让你摆脱困境，帮助你恢复元气，赋予你能量和力量，以便继续前进，采取第四步行动。

第四步：重新审视、评估、调整自己

现在该行动起来了。此时，你可以像明星碧昂丝一样，把生活从众所周知的柠檬变成柠檬水[①]。

首先，重新审视。这一步的关键是讲述或撰写发生在你身上的故事，尽可能不做修改，只包括客观事实，不要责备，也不要解释——就像记者那样，用最客观的语言进行报道。问问你自己：

- 发生了什么事？
- 在哪里、什么时间、怎么发生的？
- 其中涉及谁？
- （实际发生的）后果是什么？
- 哪些地方需要改变、修理或重回正轨？

第二，重新评估。这需要心理学家所说的“认知灵活性”，即从不同角度看问题的能力。心理治疗师埃丝特·佩雷尔将其称为“重塑你的叙述”。我们很容易专注于某个单一的故事，在脑海中反复播放。但是，如果我们囿于事情的单一黑白版本——特别是某个被羞耻或自我怀疑扭曲的事情，那么就限制了我们看到周围灰色阴影的能力。此时，我们需要退一步，问一些更广泛的问题，重新进行评估：

① 柠檬表示酸楚，柠檬水表示清甜。本句美国俗语表示将坏事转变为好事。——编者注

- 你知道哪里出错了，但你知道哪里是你做对了的吗？
- 你没有达到自己的目标。在这一点上，你学到了什么或收获了什么？
- 我敢肯定，你已经把自己弄得伤痕累累了，现在，是时候表现出同情心、让自己摆脱困境了，就像你对待朋友那样。你做了哪些值得肯定的努力和行动？你对自己所做的事情感到骄傲吗？自我原谅的关键是专注于自己所做的正确的部分，并且要记住：没有人是完美的——你也不例外。
- 你被打垮了，你搞砸了，你被拒绝了。这是一场让人气馁的指责游戏。你要抛开责备，承担责任，然后问问自己：当初你本可以采取哪些不同做法？下次你又会采取哪些不同做法？
- 墙倒塌了，但依然矗立着的是什么？你能挽救什么？
- 你没有得到自己想要的。不成功有什么好处吗？
- 这只是一章的结尾，而不是整个故事的结局。下一章会是什么？

最后，重新调整。有三个因素已经被证明可以帮助我们从挫折中恢复过来，那就是目标感、感恩和利他主义。我们要重新调整目标，时刻记住我们当初为什么要接受这个挑战。我在输掉选举后，重新拾起了驱使我竞选公职的动力，即服务他人和做出改变的强烈愿望。然后我把努力转向另一个方向，使我能够以一种完全不同的方式奋斗。在一次鼓舞人心的TED演讲中，畅销书作家伊丽莎白·吉尔伯特分享了她在第二本书失败后如何东山再起的故事。她说："只要我不忘初心，那就永远不会受到偶尔失利的影响。"她的"初心"就是对写作的热爱——这是她的目标，也是她努力的理由。你的初心是什么呢？

感恩是一种经过验证有效的方法，它可以改变你的情绪，因为你不可能同时既感到沮丧又心怀感恩。在奥普拉·温弗瑞的电影《宠儿》惨遭失败之后，她陷入了抑郁之中。但当她最终走出困境时，她将其归功于自己的感恩之心。她说："那时，感恩对我来说非常重要——如果你总是专注于自己所拥有的，而不是自己所没有的，那么你就很难继续悲伤下去。"

练习感恩的最好方法是每天列一个清单。大约一年前，我开始在每天早上做这件事。我可以告诉你，它百分之百地改变了我开启每一天的方式。每天早上或晚上，写下你最感恩的三件事——我的意思是真正的感恩。人们很容易会选择"我的健康、我的家庭、我的工作"。如果这是你列出的前三件事，那就太好了。但更好的办法是更深入地挖掘细节。你对自己的家庭有何感恩之心？（比如，家人如何让你欢笑，他们一贯的支持，每天晚上能平安回到他们身边……）你欣赏你工作的哪个方面？（工作的满意度，同事关系，休息室里的零食……）什么经历对你产生了积极的影响？（一本你喜欢的书，一次谈话，喜欢的食物，一次旅行……）你最看重的健康要素是什么？（没有生病或受伤，身体状况允许你做自己喜欢的事情，感觉精力充沛……）你拥有并认为对你个人有意义的环境是什么？（伴侣无条件的爱，朋友们的支持，舒适的家……）

我经常把一天中的失败和挫折也列在这张清单上，虽然我当时对此并不特别感激，但我知道，每一次成败都最终影响了我，塑造了我。我是从拉尔夫·沃尔多·爱默生那里学到的这条建议。他曾经说过："对你得到的每一件好事都心存感激——你要培养这个好习惯，并不断地给予感恩。因为所有的事情都对你人生的进步做出了贡献，所以你应该把所有的事情都纳入你的感恩对象之中。"

最后，利他主义是走出负面情绪的保证。你不需要无故捐一大笔钱或刻意做志愿者来激活利他主义的正能量流。大量研究表明，任何形式的给予和善待他人的行为都会对我们的健康、寿命和整体幸福感产生重大影响。既然你已经在"团队勇敢"中投入了精力，那为何不把你的努力方向瞄准一位女性同伴呢？你也不妨在自己重回正轨的时候，做些能增进姐妹情谊的行为：向正在做大项目的同事提供帮助；联系孩子所在幼儿园的新老师，请她喝咖啡；给曾经支持过你或激励过你的朋友发一封私人的感谢信；拜访住在隔壁的独居老太太。就像感恩一样，慷慨大度也能够消除任何挥之不去的痛苦、羞耻或失望，让你振作起来，同时也能给别人带来光明和快乐。这样做，对每个人来说都是双赢的。在重新调整豁达的人生态度时，我们也就重新调整了我们的目标感和勇气，从而让我们回到正轨上，最终实现我们的目标。

第五步：再试一次！

你会动摇，会搞砸，会遇到挫折、失利和失败。然而……

每次你把事情搞砸了，你就明白了什么事不应该做。

每次你动摇了，你就会证明自己能恢复平衡。

每次你失败了，你都要再试一次。

最终，失败让你变得更强大、更睿智、更善解人意、更有价值、更真实。当你不再苛求完美时，它们就会成为你个人勇敢的荣誉徽章。自豪地戴上这些徽章，然后重新开始，重新来过。

我希望我们每一个曾经受到“完美女孩”培养方式摆布的人都能明白，任何失败都不会击垮你。你会犯错甚至失败吗？绝对会。它会让你崩溃吗？绝对不可能！亲爱的姐妹们！一旦你成为“勇敢团队”中坚定的一员，任何错误或挫折都不会击垮你。每一次挫折都是一个机会，可以让你重新站起来，再试一次，从而进一步强化你正在锻炼的那块凶猛的“勇敢肌肉”。

我们都站在这条战线上。我相信，只要我们竭尽全力，只要我们抓住每一次机会，勇敢地实践，我们就能引领一场轰轰烈烈的运动，所有女性就会变得坚强、快乐、充实、强大，从而改变世界。

所以，和那个完美女孩吻别吧。勇敢起来，这是你应有的权利。

致 谢

这本书是我的姐妹会中很多人支持的结果，她们每天都在激励着我。它始于“编程女孩”组织中的女孩们，她们赋予了我在TED的演讲以灵感，继而得益于许多勇敢地与我分享她们内心深处的恐惧和梦想的女性。

我要感谢我的写作伙伴黛布拉·戈德斯坦。撰写本书过程中最美好的回忆之一就是和你一道并肩而行。作为一名作家，能找到一个与你合作的人是一件很开心的事——她能推动你走得更远。这就是我在黛布拉身上发现的闪光点。谢谢你鼓励我，让我找到真实的自我。

感谢我出色的经纪人理查德·佩恩。是你鼓励我写这本书，并且从看到我在台上做TED演讲的那一刻起，你就一直对这场运动深信不疑。感谢伊丽莎·罗思坦以及因克维尔公司的优秀团队。能称你们为家人是我的荣幸！

感谢蒂娜·康斯特布尔以及皇冠公司的优秀团队。感谢我出版团队中的康迪斯，她在身上纹了三个字母“bnp”[①]，把这本书变成了她生命中永恒的一部分。感谢你每天与这本书同在。我还要感谢我的编辑塔里亚·克罗恩，是你出色的编辑和睿智的建议赋

① 本书书名首字母缩写。——译者注

予本书以生命。

感谢夏洛特·斯通接受了这本书，并帮助我发起了一场关于勇敢的运动。大学毕业后，你全身心地投入到提升女性领导能力的事业中。感谢你和我一起走过这段旅程。

谢谢你，普丽娅·菲尔丁·辛格，谢谢你的调查研究和出色的分析能力。非常感谢你为这本书付出的时间和精力。感谢莎拉·贝克奥夫对本书的贡献和支持。

感谢所有杰出的思想家、作家和变革者，她们为这本书提供了宝贵的见解和精彩的故事：凯瑟琳·斯坦纳·阿黛尔博士、蕾切尔·西蒙斯、安德鲁·夏特博士、梅雷迪思·格罗斯曼博士、亚当·格兰特、雷·戈戴斯、维罗尼卡·罗斯、蒂芙尼·杜夫、埃斯特·佩雷尔、布里奇特·莫纳汉、丹妮尔·韦斯伯格和卡莉·扎金。

感谢黛比·汉内和布拉德·布洛克米勒，感谢你们作为教育家为这本书提供的宝贵观点。

感谢所有参加我们“勇敢而非完美”中心小组的女性和女孩，谢谢你们与我们分享自己的故事。写这本书让我明白一个众所周知的道理——葡萄酒、寿司和比萨可以联袂激发真诚的分享和无尽的笑声。

感谢“编程女孩”这个大家庭以及各位好友：黛博拉·辛格、本·亚罗、特里娜·达斯古普塔、雷·戈戴斯、塔尼亚·扎帕拉尼亚克、阿什利·格兰比和艾米丽·希恩瓦。

也要感谢我生活中的男性盟友：我的丈夫尼哈尔、我的儿子沙恩以及我的父亲，感谢你们一直鼓励我勇敢地展现自我。还要感谢我的妹妹科什玛、我的外甥女玛雅以及我的妈妈，感谢你们教会了我这么多人生课程。